200 %
leben

BRUNO BUCHBERGER

MATHEMATIK MANAGEMENT MEDITATION

200 % leben

molden verlag

INHALT

VORWORT

Dieses Buch ist aus einer Anregung von Peter Illetschko, Journalist bei *Der Standard,* entstanden. Ich danke ihm ganz herzlich für diesen Impuls. Er hat mich zu verschiedensten Anlässen und Themen interviewt, durch seine Fragen inspiriert und provoziert, und meinte dann, dass meine Antworten einmal in einem Guss in Buchform zu lesen sein sollten.

In der Tat habe ich in den Jahrzehnten meines Lebens im Spannungsfeld zwischen Wissenschaft, Wirtschaft und Politik Hunderte Interviews gegeben. Die Fragen, die aus allen Richtungen, aber immer wieder zu ähnlichen Themen kamen, habe ich in diesem Buch neu gestellt und in einen Fluss gebracht, der von der abstrakten Welt der Mathematik über die konkrete Welt der heutigen technologie- und wirtschaftsbetonten Gesellschaft bis zu den Fragen führt, die das erwachende Bewusstsein sich seit Generationen stellt.

Wie in einem Interview sind meine Antworten für den eiligen Leser kurz und manchmal so provokant wie die Fragen. Im Fluss des Ganzen ergeben sie aber – so hoffe ich – einen anregenden Sinn. (Die Kurzantworten sind nach den Fragen durch einen anderen Schrifttyp gekennzeichnet.)

Während der Interviews habe ich aber oft für die Journalisten – sofern sie sich dafür die Zeit nehmen wollten – „bei abgeschaltetem Mikrofon" ziemlich weit ausgeholt, um eine gründliche Antwort zu geben. Das wurde meistens geschätzt. Und so gibt es in diesem Buch zu jeder Frage auch eine längere, tiefer gehende Antwort für Leser, die auf den Grund gehen wollen, die heutige, manchmal sehr komplex erscheinende Welt verstehen wollen. Und die sich vielleicht dadurch angeregt und ermutigt fühlen, in der heutigen Gesellschaft aktiv zu werden, deren ungeheure Möglichkeiten zu nutzen, neue zu schaffen und aus einer ganzheitlichen Sicht heraus evolutiv und verantwortlich zu handeln.

Ich danke der Verlagsgruppe Styria für die professionelle Herausgabe dieses Buchs, insbesondere Frau Mag. Elisabeth Wagner für das Lektorat. Herrn Josef Lehner danke ich herzlich für das Korrekturlesen von Teilen einer ersten Version des Buchs und die Herstellung des Kontakts zum Verlag.

Gerne erinnere ich mich auch dankend an die spannenden und manchmal sehr lustigen Gespräche mit meinen Interviewerinnen und Interviewern, von denen ich hier stellvertretend nenne: Thomas Azade, Christina Badelt, Elisabeth Buchmann, Eva Drechsler, Elisabeth Eidenberger, Josef Ertl, Rainer Himmelfreundpointner, Bernhard Hofer, Michaela Holy, Johannes Jetschgo, Oliver Jonke, Alfons Krieglsteiner, Lucia Kruckenhauser-Klement, Thomas Kugler, Oliver Lehmann, Wolfgang Lehner, Hannes Leopoldseder, Gerald Mandlbauer, Dietmar Mascher, Christian Müller, Aleksandra Pawloff, Erika Pichler, Bettina Preßlauer, Klaus Schobesberger, Gisela Schreiner, Jens Tschebull, Karin Tzschentke, Heinz Wernitznig, Thomas Winkler, Ulli Wright.

Anmerkung

Zur besseren Lesbarkeit wird in diesem Buch von einer geschlechterspezifischen Schreibweise abgesehen. Die verwendeten Personenbezeichnungen, personenbezogenen Begriffe und Berufsbezeichnungen beziehen sich auf beide Geschlechter.

MATHEMATIK
DER ANFANG UND IMMER AM ANFANG

In Österreich kennt man Sie ja eher durch Innovationsprojekte wie den Softwarepark Hagenberg als durch Ihr internationales Standing als Mathematiker. Warum haben Sie seinerzeit ausgerechnet Mathematik studiert?

Ehrlich gesagt, mein Hauptgedanke damals war: „Was ist ein Fach, das nicht jeder studieren kann?"

Im Gymnasium hat mich alles interessiert – ich hätte jedes Fach studieren wollen und habe mich auch in allen Fächern leichtgetan. Und da mich alles interessiert hat, ist alles in mich wie von selbst hineingezogen. Es war mir auch intuitiv klar, dass alle Fächer wichtig sind und es um ein möglichst klares „Bild von der Welt" geht. In der Tat habe ich dann bald – im Studium, im Berufsleben und auch beim Mitwirken in der Gesellschaft – erfahren und bestätigt gefunden, wie fundiert und umfassend die Bildung im Gymnasium (in meinem Fall das „Gymnasium in der Angerzellgasse", das heutige „Akademische Gymnasium" in Innsbruck) war.

Bis zu dem Zeitpunkt, als ich in der langen Reihe zur Inskription an der Leopold-Franzens-Universität in Innsbruck stand, hatte ich noch gedacht, ich würde Biologie studieren. Während des Wartens ist mir dann der folgende, äußerst unsachliche Gedanke durch den Kopf gegangen: „Was werden die Leute (insbesondere auch die Mädchen) sagen, wenn sie erfahren, dass ich Biologie studiere? Die werden wohl sagen: ‚Biologie kann jeder studieren. Dazu braucht man sich ja nur eine Menge von

Schmetterlingen, Gräsern und Würmern auswendig zu merken ...'" Unter dem Druck der nahenden Entscheidung bin ich dann ganz ehrlich zu mir gewesen und habe mir gedacht, ich möchte etwas studieren, was man mit Recht nicht-trivial nennen kann und was „wirklich nicht jeder studieren kann". Da ist mir sofort die Mathematik eingefallen! Ich hatte bis dahin zur Mathematik keine engere Beziehung als zu anderen Fächern und bis zu diesem Augenblick auch nie erwogen, Mathematik zu studieren. Die Entscheidung war wie ein Blitz, fast ein bisschen wie ein Scherz oder ein Aufstand gegen den Intellekt, der Entscheidungen gerne mit hehren Gründen begleiten möchte. Mittels des Aufstands gegen den Intellekt habe ich mich also damals entschieden, das Fach, das den Intellekt in den Mittelpunkt stellt, zu wählen!

Ich war dann in einer fast feierlichen und trotzigen Stimmung, als ich auf die Frage des Inskriptionsbeamten, was ich studieren wolle, „Mathematik" sagte. So quasi: „Ich mache das jetzt, habe keine Ahnung, was da herauskommen wird, und ich möchte weder Gründe noch Gegengründe hören, erzeugen oder abwägen." Vielleicht war es auch ein erster starker Impuls der Freiheit, die mich umfing, als ich Universitätsboden betrat. Eine Freiheit, die in krassem Gegensatz stand zu den Beklemmungen, Verunsicherungen, Regulativen, Maßregelungen, Autoritätsdiktaten meiner Jugend in der Tiroler Nachkriegsgesellschaft.

Natürlich waren meine damaligen Gedanken über die Biologie – beziehungsweise was ich geglaubt habe, wie Leute über Biologie denken – völlig naiv. Die Biologie (wie viele andere moderne Fächer) war damals schon und ist heute noch mehr – einer der kompliziertesten Bereiche, die den schärfsten Intellekt brauchen. Aber darum geht es hier nicht. Vielmehr darum, dass man unter Druck Entscheidungen fällt, bei denen man endlich einmal den Intellekt außer Acht lässt und seiner Intuition folgt. Ohne dass ich es wissen konnte, hat mir diese

Entscheidung für das einerseits „belächelte" und andererseits „gefürchtete" Fach Mathematik ein aufregendes, anregendes, herausforderndes, reichhaltiges Leben beschert. Ein Leben im Zentrum und an den Grenzen der heutigen Zeit mit allen ihren wissenschaftlichen, technologischen, wirtschaftlichen, politischen, kulturellen und philosophischen Vibrationen. Ich genieße dieses Leben mit steigender Intensität und in vollen Zügen bis heute und ich habe noch lange nicht genug davon. Vielmehr habe ich das Gefühl, erst am Anfang zu stehen und erst langsam zu verstehen, wie sich die Welt dreht.

Mathematik hat ja bei vielen einen schlechten Ruf. Was ist Mathematik?

- Mathematik ist im Prinzip nur kultivierter Hausverstand.
- Mathematik ist die über die Jahrhunderte verfeinerte Kultur, Wissen durch Denken zu erlangen und Probleme durch Denken zu lösen.
- Mathematik ist die Kunst des Erklärens: Wie kann man Kompliziertes auf Einfaches und Unbekanntes auf Bekanntes zurückführen?
- Mathematik ist die Kunst des effizienten Handelns: Wie kann man Ziele mit möglichst kleinem Aufwand erreichen?
- Mathematik ist Denkökonomie: Einmal gründlich nachdenken, damit man (potenziell) unendlich oft nicht mehr nachzudenken braucht.
- Mathematik ist das Auge im Hurrikan der Innovationsspirale, die von der mathematikbasierten Wissenschaft über die Technologie zur Wirtschaft und zurück geht.
- Mathematik ist abstrakte Demokratie: Es gelten nicht Religion, Geschlecht, Macht, Alter, Stand, sondern nur das Argument.
- Mathematik ist Rechnen mit Gedanken.
- Mathematik ist abstrakte Praxis.
- Mathematik ist das Extrem abstrakter Kunst.
- Mathematik ist „am Puls der Zeit leben".
- ...

Nach einem langen Leben mit und für Mathematik könnte ich diese „Litanei“ beliebig fortsetzen. Meine Kollegen weltweit würden vielleicht andere Litaneien singen, meine belächeln oder sogar wütend bekämpfen. Mathematik ist auch Krieg mit Papier und Bleistift (heute mit Computer und Web). Ich erinnere mich zum Beispiel an eine Episode, als ich als Keynote-Speaker bei einer internationalen Konferenz[1] über die Rolle der Computer-Mathematik für das Erfinden und Verifizieren mathematischer Formeln sprach und in der Diskussion forderte, dass jeder Universitätsprofessor für Mathematik heute nicht nur das Beweisen, sondern selbstverständlich auch das Programmieren beherrschen müsse. Da sprang einer der veranstaltenden „Kollegen“ (ein sogenannter „reiner Mathematiker“) auf und schrie mir quer durch den Hörsaal entgegen: „Take a bodyguard!“ Frei übersetzt hieß das: „Ich springe dir an die Gurgel, wenn du noch einmal etwas so Profanes über meine hehre Mathematik sagst!“

So ist Mathematik! Mathematik ist so reichhaltig in ihren Inhalten, aber noch mehr in der Art, wie man sie sieht, betreibt und im Rahmen der gesellschaftlichen Evolution versteht, dass jeder Mathematiker sein eigenes „Buch der Mathematik“ schreiben könnte. Nur das Integral dieser Bücher ist Mathematik und dieses Integral lebt, entwickelt sich rasant mit immer größerer Geschwindigkeit auf immer höheren Ebenen der Sophistikation weiter ... und ist mathematisch beweisbar niemals fertig. Das Erleben der Beschäftigung mit Mathematik ist wie Kunst. Die Materialien der Mathematik – die Gedanken – sind allerdings einerseits viel flexibler und freier als die Materialien der Kunst. Andererseits setzen sie uns sehr viel mehr Widerstand entgegen als der Granit des Bildhauers, denn die intersubjektive Überprüfbarkeit der Argumente ist bestimmender Kodex. Auch wenn eine Formel noch so schön ist: Wenn sie falsch ist, ist sie mathematisch wertlos.

Nach Ihrer Litanei möchte man ja meinen, es gäbe so viele „Mathematiken" wie Mathematiker: Können Sie Ihre eigene Sicht etwas systematischer beschreiben?

Ich sehe Mathematik im Rahmen eines vereinfachten „Bildes von der Welt" so:

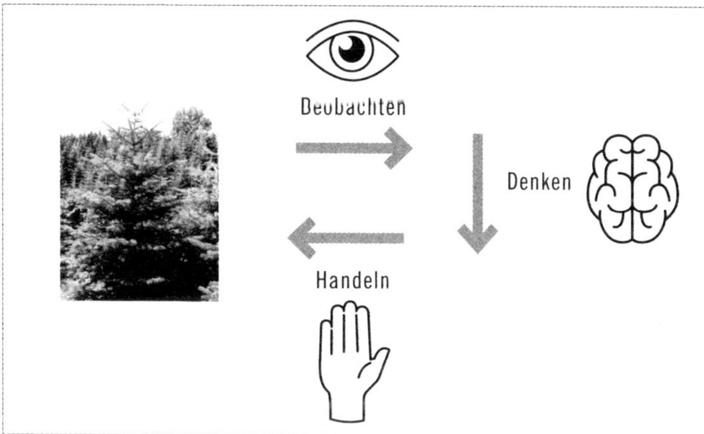

Beobachten – Denken – Handeln: Das sind die drei Schritte, mit denen wir uns mit der Welt um uns auseinandersetzen. Beobachten: Durch Kontakt der Sinne mit der Außenwelt entsteht ein Bild der Außenwelt in uns (physiologisch betrachtet in unserem Nervensystem). Denken: Aus den Fakten, die wir beobachtet haben, erschließen wir – ohne Beobachten – in uns (innerhalb unseres Nervensystems) neue Fakten, die helfen können, zielorientiert in der Außenwelt zu handeln.

Sehr vereinfacht könnte man sagen, dass die Naturwissenschaften (Physik, Chemie, Biologie etc.) die über die Jahrhunderte verfeinerte Kultur sind, Wissen durch Beobachten (Experimente, Messungen ...) zu erlangen. Handeln: Die technischen Wissenschaften sind die verfeinerte Kultur des zielorientierten Handelns.

Die Mathematik steht in der Mitte, sie verbindet die Naturwissenschaften mit den technischen Wissenschaften: Aus Fakten, die beobachtet wurden, werden andere Fakten erschlossen, die wir nicht beobachtet haben (oder nicht beobachten könnten). Diese bilden die Grundlage von immer genauerem, effizienterem, kontrollierbarerem Handeln.

Natürlich sollte ein guter Naturwissenschaftler, Mathematiker, Techniker (ganz gleich ob er in der Forschung, in der Lehre oder in der Anwendung arbeitet) alle drei Aspekte – Beobachten, Denken, Handeln – in gleicher Weise pflegen und beherrschen. Das ist auch historisch bei den Großen unseres Fachs immer der Fall gewesen und als Ausbildungs- und Arbeitsideal heute wichtiger denn je. Aber für die Klarheit dessen, was die Rolle und die Funktion der Wissenschaft mit all ihren Disziplinen heute ausmacht, ist es wichtig zu sehen, dass:

- die Erkenntnismethode „Beobachten" (bei der die Sinne in Kontakt mit dem Erkenntnisobjekt in der Außenwelt kommen) von der Erkenntnismethode „Denken/Schließen/Beweisen" (bei der die Sinne bewusst nicht benutzt werden, sondern nur „das Hirn" arbeitet) verschieden ist,
- auch „Beobachten" und „Schließen" verschieden vom „Handeln" sind (bei dem unser Körper durch die „Aktoren" wieder in Kontakt mit der Außenwelt kommt, aber in umgekehrter Richtung wie beim „Beobachten").

Landläufig versteht man unter Mathematik „Rechnen mit Zahlen", allenfalls noch das Manipulieren geometrischer Figuren. Das ist ein sehr limitierter Eindruck. Mathematik ist vielmehr das „Rechnen mit Gedanken", das Spielen mit Argumenten, um die Konsequenz von beobachteten oder angenommenen Fakten zu erforschen, ohne dass diese Konsequenzen in der Realität beobachtet oder ausprobiert werden müssen. Mathematik ist damit eine universelle Denktechnik, von der auch eine kleine

Dosis bereits sehr viel Klarheit, Durchsicht, Effizienzgewinn, Gefahrenvermeidung ... bringen kann.

Mit anderen Worten: Mathematik zielt darauf ab, durch intensives Bedenken komplexer Systeme die wenigen Schrauben zu finden, an denen oft die scheinbare Komplexität von Systemen hängt. Es geht also in der Mathematik immer wieder darum, Kompliziertes einfach zu machen. Insofern ist die Mathematik die „Kunst des Erklärens".[2]

Mit nochmals anderen Worten: Mathematik ist Sprachpräzision. Im Verhältnis zur realen Welt geht es in der Mathematik (im Verein mit den beobachtenden Wissenschaften) zunächst darum, präzise sprachliche Beschreibungen („Modelle") von interessierenden Aspekten der realen Welt zu schaffen und dann durch präzises Argumentieren aus diesen Beschreibungen neue und für die Realitätsbewältigung relevante Fakten über diese Aspekte zu erschließen.

Ich halte die gesellschaftliche, politische und wirtschaftliche Potenz und Relevanz der Mathematik als „Kunst des Erklärens" im Prinzip für noch wichtiger als ihre Rolle und Relevanz als Nabe, an der sich das Rad der heutigen Wissenschaft und Technologie dreht. Durch ein limitiertes Verständnis der Mathematik, das sie auf das Beschäftigen mit „typisch mathematischen Objekten" wie Zahlen, Figuren und den aus der Schule bekannten mathematischen Themen beschränkt, verstellt man das Bild der Mathematik als universelle Kunst des Erklärens und vergällt so manchem das Vergnügen und den Vorteil, sich durch Mathematik (Denkpotenz) besser im Leben orientieren und behaupten zu können als ohne.

Das klingt sehr einfach. Woher kommt jetzt die Faszination der Mathematik?

Die Faszination kommt zunächst daher, dass man oft in sehr abstrakte, „atemberaubend schöne" fantastische Räume hochsteigen muss, um schwierige Probleme aus der „Down-to-earth"-Realität lösen zu können.

Die Lösung lässt oft viele Jahre und Jahrzehnte auf sich warten. Sie braucht die kreativsten Geister der jeweiligen Zeit, es entsteht etwas wie eine „Weltmeisterschaft im Cyberspace des Intellekts". Je abstrakter die Räume sind, in die man ein Problem verlagert, umso mehr Anwendungsprobleme in umso mehr konkreten Realitäten kann man mit einem Schlag lösen. Oft findet man später noch viele weitere überraschende neue Anwendungen, an die man beim Arbeiten und Lösen in den abstrakten Räumen gar nicht gedacht hatte. Wer also sehr praktisch sein möchte, sollte lernen, sehr abstrakt sein zu können.

Wer würde zum Beispiel denken, dass das Problem, die Zapfventile an einer Ölbohrinsel optimal zu steuern, das Problem, Passwörter zu knacken, das Problem, aus einem vorhandenen Computercode die ursprüngliche Intention des Programmierers zu rekonstruieren, das Problem, die genetische Nachbarschaft von verschiedenen Spezies in der Evolution zu entscheiden, und das Problem, Gesetze der Thermodynamik auf ihre Unabhängigkeit zu prüfen, sämtlich durch Lösung des einen Problems der Strukturbestimmung im abstrakten mathematischen Raum der „Polynomideale" gelöst werden können?

Es zahlt sich also aus, sehr abstrakte mathematische Räume zu erfinden und sich in ihnen gedanklich zu bewegen, bis man sich darin so gut auskennt, dass es einem wie Schuppen von den Augen fällt: Hier sind die tragenden Fäden im scheinbar komplizierten Spinnennetzwerk der abstrakten Objekte und – noch mehr – ich kann beweisen, dass das ganze Netz wirklich nur an wenigen Fäden hängt!

Also hoch in die fantastischen Räume der Mathematik, dort ein bisschen werkeln und dann zurück in die Realität. Ist das alles?

Um die Faszination der Mathematik – auch im geschichtlichen Zusammenhang und weit in die Zukunft extrapolierend – wirklich zu verstehen, muss man in dem einfachen Bild aber noch einen weiteren Pfeil, den wesentlichen, einführen:

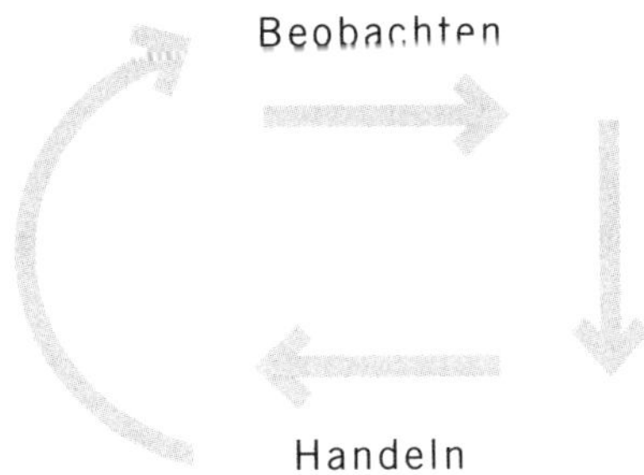

Das ist der Pfeil der „Selbstanwendung“: Die Resultate von Beobachten – Denken – Handeln (von Naturwissenschaften – Mathematik – technischen Wissenschaften) ermöglichen es zunächst, sich ein Bild von der Welt zu machen und darin gezielt zu agieren.

Diese Resultate dienen aber auch dazu, die Werkzeuge des Beobachtens – Denkens – Handelns selbst (die Instrumente der Naturwissenschaften – Mathematik – technischen Wissenschaften) laufend zu verbessern. Das heißt, die Wissenschaft wendet ihre Resultate auch auf die Verbesserung der Methoden der Wissenschaft selbst an. Kurz: Die Wissenschaft wendet sich auf sich selbst an.

Diesen Gedanken der Selbstanwendung (Reflexion, Rückbezüglichkeit, Selbstreflexion ...) sollte man gründlich durchdringen. Denn dieser Gedanke eröffnet ein tiefes Verständnis der Geschichte der Menschheit, ein tiefes Verständnis der heutigen Zeit und eröffnet auch den klarsten Blick auf die Zukunft.

Es ist erhellend, sich diesen Gedanken an vielen Beispielen immer wieder klarzumachen:

Zum Beispiel ist klar, dass die Entdeckung der Lichtbrechung in Glas und anderen lichtdurchlässigen Materialien, die man mit freiem Auge beobachten kann und die dann zum Beispiel in der Schmuckerzeugung „unreflektiert" angewandt wurde, nach einiger Zeit auch „reflektiert" auf die Verbesserung des Beobachtungsprozesses selbst angewandt wurde. Das führte zur Erfindung des Mikroskops oder des Teleskops, die unzählige weitere, neue wissenschaftliche Beobachtungen und Erkenntnisse ermöglicht haben.

Ein anderes Beispiel: Es ist zunächst klar, dass die Erfindung von Produktionsrobotern die Herstellung von zum Beispiel Autos um ein Vielfaches leichter, effizienter, genauer und schneller gemacht hat. Produktionsroboter werden aber auch eingesetzt, um das Produzieren der Computer zu automatisieren, die zum Beispiel in Robotern eingesetzt werden. Das ist Selbstanwendung! Und sie ist faszinierend.

Ein weiteres Beispiel, wo die Selbstanwendung nur wenigen klar ist, die Faszination und die Konsequenz für die Ereignisse im 20. Jahrhundert aber unfassbar sind: der universelle Denkkalkül der sogenannten „Prädikatenlogik", eine zutiefst mathematische Erfindung[3], ist zunächst ein sprachlicher Rahmen für die Beschreibung beliebiger Modelle der Realität. Fast unbemerkt enthält dieser Kalkül aber auch eine exakte Beschreibung des Prinzips des universellen, programmgesteuerten Rechnens, das circa zehn Jahre nach der Formulierung der Prädikatenlogik die Grundlage für den Bau des ersten modernen Computers wurde. Es ist wohl müßig zu erklären, welche Revolution der Computer in allen Bereichen der Gesellschaft ausgelöst hat. Wo ist die Selbstanwendung? Sie besteht darin, dass die zutiefst mathematische Erfindung des Computers die Praxis der Mathematik selbst, die vorher nur mit „Papier und

Bleistift“ stattgefunden hat, grundlegend geändert, nämlich automatisiert hat.

Das klingt ja wie Münchhausen, der sich am eigenen Schopf aus dem Wasser zieht. Die Mathematik, ein trügerisches Märchen?

Nein, im Augenblick der erfolgreichen Selbstanwendung muss es zwei Münchhausens geben. Einen, der im Wasser schwimmt, und einen, der draußen steht. Beide haben Arme. Das „Prinzip Arm“ wird auf sich selbst angewandt, aber der Anwender ist vom Angewandten verschieden.

Das Prinzip der Selbstanwendung ist in der Tat so alt wie die Geschichte der Menschheit: der Stein, der auf den Stein geschlagen wird. Wer ist der Geschlagene, wer der Schläger? Einer zerbricht, nennen wir ihn den Geschlagenen, den anderen den Schläger. An den Hälften des Geschlagenen entsteht eine scharfe Kante: welch ein technologischer Fortschritt! Mit dieser Kante ist der nächste Schritt in der Evolution möglich: Ein vielfach verwendbares „Messer“! Ein Messer, das nun Tierhäute zerlegen kann, Holz zu Pfählen spitzen ...

Das Prinzip der Selbstanwendung ist noch älter als die Menschheit. Denken Sie an das Molekül, das auf ein anderes „schlägt“. Und weiter auf den subtileren Schichten der Natur. Die Physik beginnt zu ahnen, was ganz innen passiert, wenn Wellen auf Wellen schlagen. Am Anfang steht die „reine Selbstanwendung“.

Wenn man den Gedanken der Selbstanwendung im Kontext der Mathematik versteht, ist man auch im Zentrum der Forschung in der heutigen Mathematik angelangt. Denn heute befassen sich weltweit etliche mathematische Forschungsgruppen mit den Möglichkeiten, Computerverfahren zu entwickeln, die sogar den mathematischen Erfindungs- und Verifikationsprozess bis zu einem gewissen Grad automatisieren. Diesem Thema widme ich mich selbst – nach Vorarbeiten seit 1974 – intensiv seit 1995.[4]

Man beachte also: Selbstreflexion ist nicht etwas Künstliches, das vom Menschen kühl und intellektuell in die Evolution eingebracht wurde und womit sozusagen „die Unschuld der Natur" zerstört wurde. Vielmehr ist Selbstreflexion die Intelligenz der Natur und die Natur der Intelligenz.

Praktisch gesehen führte und führt die Selbstanwendung der Wissenschaft und Technologie auf sich selbst in zunehmendem, sich ständig beschleunigendem und immer expliziterem Maße zu einer Art „Explosion" der wissenschaftlichen Erkenntnisse und der möglichen Anwendungen, die von vielen nicht nur positiv, sondern auch als beängstigend empfunden werden. Zunächst ist diese Kernreaktion durch Selbstanwendung faszinierend, und das gilt insbesondere für die Mathematik, welche im „Auge des Hurrikans der Innovation" steht. Das heißt, Mathematik zu betreiben ist heute noch faszinierender als vor 50, 30, 10 oder 5 Jahren ... Natürlich ist es für jeden von uns, der mitten in diesem Hurrikan steht, auch von größter Relevanz, in verantwortungsvoller Weise die Konsequenzen der Selbstanwendungsspirale für sich und für die – heute globale – Gesellschaft zu bedenken und im Sinne einer positiven Evolution zu beeinflussen. Diese Verantwortung soll und kann niemand „an die anderen" abgeben.

Anmerkungen

1 Konferenz „Special Functions in the Digital Age", 22. Juli bis 2. August 2002, an der University of Minnesota, organisiert vom „Digital Library of Mathematical Functions" (DLMF), ein Projekt am „National Institute of Standards and Technology" (NIST).

2 Vgl. dazu die englische Entsprechung „explanation“: etwas, das kompliziert ist („ex“ ist, „heraussteht“), einfach („plain“, „eben“) machen.

3 Durch zwei fundamentale Resultate (1930, 1931) des österreichischen Mathematikers Kurt Gödel (1906–1978) über die Schlusskraft der Prädikatenlogik wurde diese Logik als Grundlage für die gesamte Mathematik etabliert. Kurt Gödel ist sicher einer der größten Geister des 20. Jahrhunderts.

4 Im Zuge des „Theorema“-Projekts: www.risc.jku.at/research/theorema/software/

DIE GRÖBNER-BASEN

DANKE FÜR EINE HARTE NUSS!

In der internationalen Mathematik sind Sie durch die Erfindung der Theorie der sogenannten „Gröbner-Basen“ bekannt. Wie sind Sie auf die Gröbner-Basen gekommen?

Ich hatte das unverschämte Glück, dass ich – als Werkstudent – auf der verzweifelten Suche nach einem Dissertationsthema 1964 von Professor Wolfgang Gröbner[1] auf ein Problem gestoßen wurde, das seit 1899 offen war.[2] Die Wichtigkeit und Schwierigkeit des Problems, den Umstand, dass es schon so lange ungelöst war, und dass er selbst schon 25 Jahre immer wieder an dem Problem arbeitete, hatte Gröbner mir verschwiegen. Aus heutiger Sicht war für mich beides ein Glück: dass das Problem wichtig war und dass ich nicht wusste, wie lange es schon offen war. Sonst hätte ich mich als junger Student, der nicht in akademischen, sondern in bescheidenen Kreisen aufgewachsen war, vielleicht so einschüchtern lassen, dass ich schon von vornherein aufgegeben hätte. So aber war ich unter dem Druck, zu studieren und gleichzeitig zu arbeiten, gierig darauf, das Problem möglichst bald hinter mich zu bringen.

Die Zeit der Arbeit an diesem Problem war für mich kein Honiglecken. Ich arbeitete Vollzeit als Programmierer am ersten Computer der Universität Innsbruck (einer ZUSE Z23) und in der „freien Zeit“ an meiner Dissertation. Freilich bemerkte ich bald, dass das Problem schwierig war, und ich war oft der Verzweiflung nahe, dass ich offensichtlich zu dumm war für ein so „leicht zu formulierendes“ Problem. Auch hatte ich kaum eine positive Rückkopplung vonseiten Professor Gröbners, der eine

Vielzahl von Dissertanten betreute. Ich hätte sehr forsch sein müssen, um öfter bei ihm vorsprechen zu können. Er war im Prinzip ein sehr freundlicher Herr, aber eben ständig umlagert von einem Schwarm von Assistenten und Studenten. Ich wiederum war sehr schüchtern und habe dann rasch beschlossen, mir den Umweg über das Hin und Her von Sich-in-Erinnerung-Rufen, Terminvereinbarungen, Wiederholungen von Erklärungen etc. zu ersparen und allein auf meine eigene Denkkraft zu vertrauen.

All das war aus heutiger Sicht eine glückliche Fügung. Denn die Lösung des Problems gelang mir dann auf einem ganz anderen Weg als die Wege, die implizit von Gröbner oder in der damaligen Literatur vorgeschlagen wurden. Doch bis zur Lösung war es ein wirklich steiniger Weg: intellektuell, psychisch und auch physisch. Eineinhalb Jahre drehte ich das Problem in meinem Kopf hin und her: auf vielen Seiten Papier, später in ersten Experimenten auf „der ZUSE"[3], in den Arbeitspausen, an langen Abenden, an Wochenenden, im Café, beim Gitarrespielen, wenn ich auf den Output der langen Rechnungen auf der ZUSE wartete, am Handtuch im Schwimmbad, im Lesesaal der Universität (wo sich die schönsten Mädchen aufhielten). Dann sah ich plötzlich die „tragenden Fäden" im Spinnennetz der Polynomideale. Das war ein großes Glücksgefühl und es war nur mehr ein relativ „kurzer" Schritt (mehrere Monate), bis ich auch den Beweis fertig hatte, dass die tragenden Fäden wirklich tragen und keine anderen Fäden notwendig sind, um das Gesamtnetz zu beherrschen.

Das Glücksgefühl bezog sich hauptsächlich darauf, dass nun bald meine Doppelbelastung durch Studium und Arbeit zu Ende wäre, weniger weil ich dachte, ich hätte etwas Wesentliches gefunden oder geleistet. Im Gegenteil: Ich fand es beschämend, dass ich so lange gebraucht hatte, um das Problem zu lösen. Aber im Geheimen war es auch ein Glücksgefühl, etwas wie die endlichen vielen „wirklich wesentlichen Knoten“ im unendlichen Netzwerk der Polynomreduktionen zu sehen. Ich erinnere mich heute noch an jene Straßenkurve in Innsbruck, wo mir am Weg zur Universität auf dem Rad der entscheidende Gedanke gekommen ist.

Getreu meinem Prinzip, alles allein zu machen, gab ich meine gebundene Dissertation in den Weihnachtsferien 1965 im Dekanat ab, ohne das Resultat vorher noch Gröbner zu zeigen. Aus irgendeinem Grund, den ich bis heute nicht nachvollziehen kann, habe ich dann nach einiger Zeit zwar die Verständigung erhalten, dass meine Dissertation angenommen und ich zum Rigorosum[4] zugelassen sei, aber ich habe nie von Gröbner einen persönlichen Kommentar erhalten, dass er das Problem damit als gelöst betrachte oder gar, dass er das prima fände. Ich vermutete damals – und weiß es heute –, dass er meine Dissertation nicht im Detail gelesen, sondern einem Assistenten zur Überprüfung übergeben hatte. Das erscheint nicht sehr nett, aber man muss verstehen, dass Professoren damals wie heute oft mit einer Flut von zu betreuenden Arbeiten konfrontiert sind, sodass nichts übrig bleibt, als die meisten Arbeiten durch Mitarbeiter anschauen zu lassen.

Das hat mich damals dann doch ziemlich frustriert, und ich habe mich deshalb dann einem anderen Gebiet der Mathematik zugewandt, weil ich aus Gröbners Verhalten den Schluss gezogen habe, dass das Ganze schon nicht so wichtig wäre.

Heute ist in den akademischen Studien ja sehr viel reglementiert. Bedauern Sie heute, dass Sie wenig Betreuung erhalten haben?

Auch wenn meine Betreuung nach landläufigen Vorstellungen nicht optimal und in gewisser Weise planlos war und ich psychisch total auf „mach es selbst“ ausgerichtet war, kann ich aus heutiger Sicht sagen, dass ich in gewisser Weise ideal auf mein Dissertationsproblem vorbereitet war.

Ich war in dreifacher Hinsicht vorbereitet:

- Durch die zahlreichen Vorlesungen, die ich bei Gröbner kolloquiert hatte, war ich inhaltlich im mathematischen Thema völlig drin.
- Zweitens war ich mit dem damaligen formal-logischen Level der Mathematik schon als Student in den ersten Semestern nicht zufrieden (und bin es auch heute nicht) und hatte mir deshalb im Selbststudium wesentliche Inhalte der mathematischen Logik angeeignet, in denen es ja hauptsächlich um das mathematische Denkwerkzeug „Beweisen“ geht. Und ausgefeilte Beweistechnik ist gerade in den abstrakten Gebieten der Mathematik von ausschlaggebender Bedeutung.
- Drittens war ich durch meine Arbeit als Programmierer bis zum letzten Bit mit den damaligen Computern vertraut. Und zwar nicht nur mit der praktischen Seite des Programmierens zum Lösen von Problemen in allen Disziplinen, sondern auch mit der grundlegenden logischen Funktionsweise von Computern, die sich ja im Wesentlichen bis heute nicht geändert hat und eine Art „Denkkonstante“ darstellt.

Unabhängig vom mathematischen Resultat in meiner Dissertation war dieses Zusammenspiel von Mathematik, Logik und Computer in meinen Studien- und vor allem Dissertantenjahren mein wichtigster USP für den Rest meines Berufslebens.[5] Denn diese „Massage“ des Gehirns und auch der Psyche durch diese drei unterschiedlichen, zum Teil gegensätzlichen und zum Teil zusammenschwingenden Aspekte hat mich später befähigt, auch gesellschaftlich „schräge“ Dinge, die nirgends vorgesehen waren, in kurzer Zeit „vom Punkt null“ auf die Beine zu stellen. So zum Beispiel den Softwarepark Hagenberg, dessen Dynamik genau aus dem Zusammenspiel von Forschung und akademischer Lehre (im Bereich der Mathematik und der Software) und Anwendung, Wirtschaft, Business resultiert.

Bis jetzt haben Sie nur erklärt, was Sie in Ihrer Dissertation gemacht haben, dass das eine ziemlich einsame Ho-ruck-Aktion war und dass Ihr betreuender Professor Gröbner außer bei der Problemstellung kaum erreichbar war. Warum haben Sie die Erfindung in Ihrer Dissertation dann „Gröbner-Basen" genannt?

Die abstrakten Objekte, die ich in meiner Dissertation eingeführt und später „Gröbner-Basen" genannt habe, habe ich in meiner Dissertation nicht mit einem Namen verbunden. Es ist auch nicht üblich, dass man neue mathematische Begriffe mit dem Namen eines Mathematikers versieht. Das machen – wenn überhaupt – später Leute, die die neuen Dinge für nützlich befinden. Auch meinen Algorithmus[6] zur Berechnung von Gröbner-Basen habe ich natürlich nicht mit einem Namen versehen. Heute wird dieser Algorithmus in der Literatur allerdings als „Buchberger-Algorithmus" bezeichnet. Dass ich dann – zehn Jahre nach Erfindung – den Namen Gröbner mit den Polynombasen meiner Dissertation verbunden habe, war eine Augenblickseingebung. Und das kam so ...

Für meine Erfindung der Gröbner-Basen sowie den Algorithmus zu ihrer Konstruktion hat sich damals (1965) niemand interessiert. Aus heutiger Sicht ist ziemlich klar, warum das so war. Die Mathematiker haben sich damals nicht wirklich für den Computer interessiert, und wenn, dann nur für das, was man „numerisches Rechnen" (Rechnen mit Zahlen) nennt. Bei den Problemen in der Theorie der Polynomideale (eine abstrakte Fassung dessen, was man auch „Algebraische Geometrie" nennt) geht es aber um Problemstellungen in abstrakten mathematischen Räumen. Da kann man nicht einfach „mit Zahlen rechnen" (auch wenn sich zum Schluss die zahlreichen Anwendungen wieder in den konkreten Realitäten wie Roboter oder

Kryptografie abspielen). Es war damals eine große Herausforderung, wie man überhaupt in solchen abstrakten Räumen „rechnen“ können soll.

Die Mainstreammathematiker haben sich damals also nicht erwartet, dass aus dem Bereich der Leute, die sich mit Computern beschäftigen, etwas wirklich mathematisch Interessantes kommt. Umgekehrt gab es damals noch keine „Computer Science“ (Informatik). Und die wenigen, die sich mit dem Computer beschäftigt haben, haben nicht wirklich auf die Mathematik geschaut, sondern auf die praktischen Schwierigkeiten, wie man die drängenden Probleme der Anwendungen in allen Bereichen der Naturwissenschaften, der Technik, der Medizin etc. durch „Programmieren“ auf dem Computer lösen könnte. Das Ergebnis meiner Dissertation war damals also genau „zwischen den Stühlen“ der traditionellen Mathematik und der beginnenden Informatik.

Dazu kam noch folgender bedauernswerter Umstand: Da ich vonseiten Gröbners keine Ermutigung bekam, habe ich mein Ergebnis zunächst nicht in einer Zeitschrift publiziert. Wie erwähnt war meine Selbsteinschätzung nicht groß genug, mein Ergebnis für wichtig und publikationswürdig zu halten. Erst als ich in den folgenden Jahren langsam verstand, wie der akademische Betrieb weltweit läuft, habe ich mich auf Anraten zweier Kollegen[7] aufgerafft und über das Hauptergebnis meiner Dissertation eine Publikation verfasst und an die mathematische Zeitschrift *aequationes mathematicae* geschickt. (In der Forschung hatte ich mich inzwischen auf andere Themen konzentriert.) Da ich damals als Mitglied der Computergilde gesehen habe, dass in diesem Bereich Englisch die Lingua franca wird, habe ich die Arbeit auf Englisch verfasst. Der damalige Herausgeber der Zeitschrift, Professor Alexander M. Ostrowski – ein bedeutender Mathematiker des 20. Jahrhunderts –, hat aber befunden, dass es besser sei, wenn ich die Arbeit in meiner

Muttersprache Deutsch schriebe. Aus heutiger Sicht natürlich genau das Falsche! Denn das hat das Bekanntwerden meines Resultats sicher um Jahre verzögert. (Die mathematische Leserschaft, die deutsche Papers liest, umfasst weltweit vielleicht ein Prozent!)

Also eigentlich schlechteste Chancen für Ihr Resultat. Wie kam es dann zum Durchbruch?

Wie oft im Leben sind Dinge, die eigentlich negativ und hinderlich sind, dann auf überraschende Weise ein sehr großer Gewinn, den man auf „linearem" Weg nicht erzielen würde.

In meinem Fall kam das so: Ich war 1976 an die Universität Kaiserslautern eingeladen, um einen Vortrag über meine damalige Forschung (die logische Grundlegung des damals neu aufkommenden Gebiets der Programmiersprachen) zu halten. Als ich mich in einem kleinen Nebenraum auf meinen Vortrag vorbereitete, kam ein Professor der angewandten Physik herein und sagte zu mir: „Ich möchte Ihnen nur mitteilen, dass ich nicht zu Ihrem Vortrag kommen werde." Ich dachte: „Ein sehr höflicher Mensch, entschuldigt sich noch, dass er keine Zeit hat." Er fuhr dann aber fort: „Nicht, dass ich keine Zeit habe, aber ich finde bereits den Titel Ihres Vortrags unsinnig!" Ich war schockiert.[8]

Fast hätte ich mich als gelernter Österreicher auf dem Absatz umgedreht und wäre nach Hause gefahren. Da bäumte sich in mir meine Tiroler „Andreas-Hofer-Mentalität" für das Überleben in schwierigen Situationen auf und ich fragte: „Bitte, was forschen Sie denn so Sinnvolles?" Und er erzählte, dass jetzt in der Physik und auf anderen Gebieten Computerverfahren für die qualitative Analyse nicht linearer Systeme ganz wichtig wären, dass „da aber schon die grundlegendsten Fragen ungelöst sind".

„Was zum Beispiel?“, fragte ich. Da erklärte er mir ein Problem, von dem mir schon während seiner Darstellung klar wurde, dass es sich auf das grundlegende Problem zurückführen ließ, das ich in meiner Dissertation (und der zugehörigen Publikation in der Zeitschrift *aequationes mathematicae*) gelöst hatte.

Ich sagte deshalb: „Ich weiß, wie man Ihr Problem löst.“ Da schaute er mich sehr mitleidig an, so quasi, „der ist so beschränkt, dass er nicht einmal sieht, wie schwierig das Problem ist“, und meinte dann nur: „Das wäre wirklich unglaublich, schicken Sie mir doch Ihr Paper!“ Später fand ich heraus, dass er kurz davor bei einer Konferenz ein Paper mit der Vermutung präsentiert hatte, dass das Problem, von dem wir sprachen, vielleicht „algorithmisch unlösbar“ wäre. Solche Probleme gibt es in der Mathematik. Das sind Probleme, von denen man beweisen kann, dass es aus gewissen logischen Gründen niemals ein Computerverfahren geben wird, welches das Problem in seiner Allgemeinheit wird lösen können. Seine Vermutung war in gewisser Weise plausibel, denn 1970 hatte der russische Mathematiker Yuri Matiyasevich[9] gezeigt, dass ein Problem, das sehr ähnlich zu dem Problem in meiner Dissertation ausschaut, tatsächlich algorithmisch unlösbar ist. Dass mein deutscher Kollege also in der internationalen Öffentlichkeit die Vermutung aufgestellt hatte, dass sein Problem algorithmisch unlösbar sein könnte, ließ ihn also gegenüber meiner Ankündigung, dass ich es lösen könne, sehr skeptisch sein!

Ich schickte ihm also mein Paper. Einen Tag später rief er mich an und war wirklich beeindruckt: „Das ist ja unglaublich! Wir müssen Ihr Resultat jetzt rasch bekannt machen in den Kreisen, die heute auf Fortschritte in diesem Bereich warten.“ Er drängte mich, sofort eine neue Arbeit zu schreiben (auf Englisch), in der ich die wesentlichen Teile meiner Theorie und des darauf aufbauenden Algorithmus kompakt und mit einem besser strukturierten und sehr detaillierten Beweis noch einmal darstellte. Diese Arbeit wurde dann im Bulletin der „Special Interest Group for Symbolic and Algebraic Computation", der (US) *Association for Computing Machinery*, sofort veröffentlicht. Und ab da war meine algorithmische Theorie in aller Munde und wurde in vielen Forschungsgruppen weltweit weiter bearbeitet, in verschiedener Hinsicht verbessert, verallgemeinert und andererseits auch spezialisiert und vor allem in allen modernen mathematischen Softwaresystemen (die damals gerade im Entstehen waren) implementiert.

Und wie kam dann „Gröbner" in den Namen der „Gröbner-Basen"?

Als ich die neue Arbeit über meine Theorie schrieb, habe ich spontan entschieden, die wesentlichen mathematischen Objekte, um die es in meiner Theorie geht, mit dem Namen meines akademischen Lehrers zu versehen. In dieser Arbeit 1976 habe ich also den Namen „Gröbner-Basen" eingeführt. Diese Widmung meiner Arbeit an Gröbner war zwar eine Augenblickseingebung, aber aus einem ganz tiefen Verständnis heraus: Die Erfindung hatte ich mit 23 Jahren gemacht und ich hatte mich damals von Gröbner schlecht behandelt gefühlt und war frustriert gewesen, weil er mein Ergebnis nicht beachtet und mich in keiner Weise motiviert hatte, in diesem Gebiet weiterzumachen. Im Jahr 1976 war ich 34 und inzwischen selbst schon Professor (an der Johannes Kepler Universität Linz). In diesem Augenblick, wo die Aufmerksamkeit der internationalen Research Community plötzlich auf meiner Lösung des Problems lag, das mir Gröbner für meine Dissertation gestellt hatte, ist mir eines ganz klar geworden: Das größte Geschenk, das ein Lehrer seinem Schüler machen kann, ist, ihm ein tolles Problem zu schenken!

Gröbner hat mir zwar während meiner Dissertantenzeit keine „Streicheleinheiten" zukommen lassen oder Hilfen für meine Karriere etc. gegeben. Aber er hat mir ein Problem geschenkt – und zwar eines, von dem er wusste, dass es wichtig und schwierig war! Noch dazu eines, an dem er selbst schon 25 Jahre gearbeitet hatte. Er war damals 65 Jahre alt, hatte einen ungeheuren Überblick über die Mathematik und in vielen wichtigen Bereichen selbst gearbeitet. Ich verstand 1976 auf einmal, dass Gröbner mir in der Stunde, in welcher er in seinem Seminar das Problem erklärt, und in der halben Stunde nach dem Seminar, als er zugestimmt hat, dass ich das Problem als mein Dissertationsthema nehmen darf, ein ungeheures Geschenk gemacht hatte. Wie ein Vermächtnis eines wesentlichen Teils seines intensiven Forscherlebens! Ich war in dem Augenblick, als ich 1976 die neue englische Arbeit schrieb, völlig überzeugt, dass die Einführung des Namens „Gröbner-Basen" für meine Erfindung die angemessene Geste wäre, das geistige Geschenk des Problems, das mir Gröbner 1964 gemacht hatte, zu würdigen.

Also ein geistiges Geschenk in Form eines Problems statt einer Lösung. Hat Professor Gröbner noch erfahren, dass Ihre Theorie der „Gröbner-Basen" internationale Anerkennung findet?

In gewisser Weise schon. Das war dann fast schon wieder lustig: Ich hatte die neue Arbeit, in welcher ich die mathematischen Objekte, die ich 1965 eingeführt hatte, „Gröbner-Basen" nannte, 1976 an Professor Gröbner geschickt und erwähnt, dass sich die Leute nun weltweit dafür interessierten. Da schrieb er mir in seiner wunderbaren Handschrift zurück, dass er sich darüber sehr freue, er mich dazu beglückwünsche – und dass er meine Arbeit einem Assistenten zum Lesen gegeben habe! Also back to the roots! Ich kam mir wieder vor wie der Student im Jahre 1965. Aber es war trotzdem ein sehr schönes Gefühl. Ich hatte den Kreis geschlossen und ihm ein Denkmal gesetzt, das er in jeder Hinsicht verdiente.

Nicht nur wegen des „Problemgeschenks", das er mir persönlich gemacht hat. Sondern für sein einmaliges wissenschaftliches Lebenswerk: Er war einer der wenigen, die die drei wesentlichen mathematischen Sichtweisen „Algebra", „Geometrie" und „Analysis" in seinem Kopf, in seiner Forschung und auch in seiner Lehre vereinigt hat. Keiner seiner Schüler (von denen viele Professoren an verschiedensten Universitäten weltweit geworden sind) hat diesen Überblick je wieder erreicht. Möglicherweise tue ich damit aber meinen „Kommilitonen" unrecht: Vielleicht haben manche von ihnen wieder diesen Überblick und noch mehr. Mir selbst ist dieser Überblick nie gelungen. Meine Herangehensweise ist anders: Ich habe immer versucht und versuche, Mathematik, Logik und „Computerei" in meinem Kopf zusammenzuhaben und in ihren Interaktionen zu verstehen und zu beleben. Die Breite innerhalb der Mathematik ist mir nicht gelungen.

Seine Forschung war umfassend und immer mit der Lehre verbunden. Er hat bedeutende neue Arbeiten mit großartigen Einsichten und Ideen, aber auch zahlreiche Lehrbücher geschrieben. Seine Vorlesungen waren vorbildhaft. Man hätte die Tafeln mit seiner Handschrift kopieren können und hätte das als Lehrbuch verwenden können. Er war aber auch ein Vorkämpfer für die Freiheit des Denkens. Seine abendlichen Seminare zu „Grenzfragen" zogen Professoren und Studenten aus allen Wissensgebieten an. Es ging oft sehr heiß her. Für mich persönlich waren diese Seminare ein wichtiger Impuls, mich geistig zu befreien, kritisch gegenüber „allein selig machenden" Ideologien zu werden, das Leben zu erfahren und selbst zu deuten und auch ohne ideologischen Sicherheitsgurt engagiert für die Gesellschaft zu arbeiten. Gröbners Freidenkertum brachte ihm in der damaligen Tiroler und österreichischen Gesellschaft spürbaren Gegenwind bis hin zur Androhung der Entziehung der Lehrbefugnis durch gewisse konservative Kreise und bis hin zu persönlichen Nachteilen, indem ihm akademische Ehren, die ihm schon längst zugestanden wären, nicht zuerkannt wurden. Das hat er mit größter Gelassenheit zur Kenntnis genommen.

Wolfgang Gröbner verdient ein Denkmal und ich bin froh, dass ich dazu beitragen durfte, ihn unvergesslich zu machen. Er starb 1980 im Alter von 81 Jahren. Zu seinem 100. Geburtstag 1999 veranstalteten seine Schüler, die von nah und fern anreisten, eine Gedenkfeier. In deren Vorbereitung wurde auch im Internet über Gröbner recherchiert und da kommt sein Name überwiegend im Zusammenhang mit den „Gröbner-Basen" vor. Das war für mich eine tiefe Freude.

Die Kritik des deutschen Kollegen war eigentlich harsch, aber doch sehr entscheidend für den Durchbruch, Ihre Theorie und Methode der Gröbner-Basen bekannt zu machen. Wäre die Geschichte anders verlaufen, wenn Sie damals nicht zufällig bei Ihrem Vortrag in Kaiserslautern mit dieser Kritik konfrontiert worden wären?

„Was wäre, wenn ..." ist immer sehr schwer zu beantworten.

Da die Probleme, die mit Gröbner-Basen behandelt werden können, doch sehr grundlegend sind, wäre ich wahrscheinlich früher oder später darauf gekommen, dass sich Leute nun mit diesen Fragen befassen, und ich hätte mich einbringen und sagen können, dass ich diese Probleme mit meiner Methode lösen kann.

In der Tat hat es schon einige Monate vor meinem Vortrag in Deutschland einen Kontakt von Wolfgang Trinks von der Universität Kaiserslautern gegeben, der einen Masterstudenten auf die Implementierung meiner Gröbner-Basen-Methode angesetzt hatte und selbst eine sehr schöne Darstellung meiner

Arbeit aus einem allgemeineren Blickwinkel geschrieben hatte. Das Interesse war aber weniger kämpferisch vorgetragen und die Relevanz für die entstehende Welt der mathematischen Softwaresysteme kam nicht heraus! Dementsprechend war ich durch diesen Impuls noch nicht motiviert, mich wieder mit den Gröbner-Basen zu befassen und mein damaliges Forschungsgebiet hintanzustellen.

Oder es wäre so etwas wie die Gröbner-Basen irgendwann von jemandem anderen erfunden worden. Das ist sehr schwer zu sagen, denn immerhin war das Problem ja vorher – seit 1899 – offen gewesen.

Die Zufallsbekanntschaft mit dem deutschen Kollegen[10] war für mich persönlich aber auf jeden Fall sehr entscheidend. Wir sind dann auch sehr schnell freundschaftlich verbundene Kollegen geworden. Die deutsche Mentalität ist halt manchmal etwas harsch, aber geradlinig, und man kommt gleich zum Punkt. Das kann ein großer Vorteil sein. Und in der Wissenschaft ist ohnedies die freie Kritik der Schlüssel für den Fortschritt. Die Kritik wird meist anonym, geschützt durch das sogenannte „peer reviewing system" ausgeübt, damit der Kritiker nicht möglichen Repressalien durch den Kritisierten ausgesetzt ist. Rüdiger Loos war ehrlich genug, die Kritik persönlich und „ungeschützt" anzubringen. Das kann man auch als sehr mutig bezeichnen.

Seine Kritik an meinem damaligen Forschungsgebiet („Schon der Titel Ihres Vortrags ist unsinnig") hat sich aber als falsch erwiesen. Denn circa seit 1995 werden die Dinge, die ich damals studiert hatte, mit großer Intensität und auch großem Erfolg in der Softwaretechnologie eingesetzt und zwar unter dem Stichwort „Abstract State Machines". Ich war halt immer ein bisschen „gegen den Strom" oder jedenfalls nicht immer im Hauptstrom und, wie sich gezeigt hat, damit meist etwas meiner Zeit voraus, wenn ich das einmal unbescheiden sagen darf.

Jedenfalls hat mich Loos darauf hingestoßen, dass die Dinge, mit denen ich mich in der Dissertation beschäftigt hatte, jetzt von größtem Interesse für die Entwicklung einer neuen Generation mathematischer Softwaresysteme wären, und zwar eben für Probleme, für die man damals keine Methoden hatte. Und das hat mich gewaltig motiviert, mich in der Forschung wieder mit vollem Fokus auf das Gebiet der Gröbner-Basen zu stürzen, das ich seinerzeit aus Frust über die Nichtbeachtung durch Gröbner verlassen hatte. Als Resultat habe ich kurz darauf eine wesentliche Verbesserung meines Algorithmus gefunden und diese 1979 publiziert, ohne die auch mit heutigen Rechnern nur kleine Beispiele in vernünftiger Rechenzeit gelöst werden könnten.

Ich habe mich dann auch intensiv in die damals noch kleine internationale Community eingebracht, die das Gebiet der „Computer-Algebra" und der darauf aufbauenden mathematischen Softwaresysteme hochgezogen hat. Loos verdanke ich auch die Bekanntschaft mit George E. Collins, dessen Methode der „cylindrical algebraic decompositions" (1975 erstmalig in völliger Allgemeinheit publiziert) einen revolutionären Beitrag zur Computer-Algebra darstellt, deren Bedeutung nicht überschätzt werden kann. Leider kann ich seine Leistung und die Grundgedanken seiner Methode in diesem Rahmen nicht wirklich erklären. Wir haben uns jedenfalls 1982 zusammengetan, um das erste Sammelwerk über das junge Gebiet der Computer-Algebra zu schreiben, was dem Gebiet, wie ich hoffe, einen wesentlichen Impuls gegeben hat.[11]

Ein interessantes mathematisches Problem, das Sie in Ihrer Dissertation gelöst haben, und ein interessanter Grund, warum die Gröbner-Basen den Namen von Gröbner haben: Aber was sind nun die Gröbner-Basen?

Die Theorie der Gröbner-Basen ist eine mathematische Theorie, mit welcher es möglich ist, beliebige sogenannte nicht lineare, algebraische Gleichungssysteme zu behandeln. Der abstrakte Raum, in welchem sich diese Theorie abspielt, ist der Raum der sogenannten „Polynomideale".

Nicht lineare Gleichungssysteme kommen faktisch überall in den Naturwissenschaften, in der Technik, Medizin, Wirtschaft vor. Einige Beispiele von Problemen aus Naturwissenschaft und Technik, die durch Polynomideale beschrieben werden können, habe ich in einer der vorigen Fragen gegeben (vgl. Seite 16).

Die „Nicht-Linearität" macht hier die Schwierigkeit aus. Eine Tischoberfläche ist etwas „Lineares", ein Bilderrahmen ist (meist) etwas Lineares. Wenn man einen Bilderrahmen auf einen Tisch stellt, entsteht eine Kante, wo sich Tisch und Bild schneiden. Die ist „linear". Wenn hingegen ein Ball (etwas „Nicht-Lineares") in eine spiegelglatte („lineare") Wasseroberfläche eintaucht, ist die Schnittlinie etwas „Nicht-Lineares", nämlich ein Kreis. Eine Tischoberfläche ist „zweidimensional", die Bilderrahmenkante ist „eindimensional", die Balloberfläche ist „zweidimensional", der Ball selbst mitsamt seinem Inhalt ist „dreidimensional". In der Technik, Wirtschaft, Biologie etc. kommen (gedankliche) Gebilde vor, die viele Dimensionen (auch „Freiheitsgrade"/„unabhängige Variable"/„Parameter" genannt) haben.

Zum Beispiel hat ein Roboterarm mit drei Gelenken und einem Greifer, der sich in jede Richtung orientieren kann (und dazu weitere drei Gelenke braucht), sechs voneinander unabhängige Möglichkeiten, die Position zu beeinflussen. Er hat also sechs „Freiheitsgrade", bewegt sich also in einem „sechsdimensionalen" Raum. Die Abhängigkeit der Position des Greifers von den Gelenkstellungen ist nicht linear. Wenn sich zwei Roboter in einem Arbeitsraum so bewegen sollen, dass sie nicht zusammenstoßen, geht es darum, die Schnittmenge zweier sechsdimensionaler nicht linearer Gebilde zu analysieren, um zum Beispiel herauszufinden, wo durch Kollision der Arme etwas passieren könnte.

Es ist sehr schwierig, Probleme mit nicht linearen Gebilden mathematisch zu behandeln. Deshalb behilft man sich meist dadurch, dass man die nicht linearen Gebilde durch viele kleine lineare approximiert, zum Beispiel eine Kugel durch lauter kleine Dreiecke an der Oberfläche. Dann werden alle Probleme linear und bei diesen (auch mit sehr vielen Dimensionen) weiß man seit Langem, wie man sie effizient lösen kann. Leider entstehen durch das Ersetzen von nicht linearen Gebilden durch lineare Gebilde Fehler, die sich aufschaukeln und zu gefährlichen Fehlschlüssen, falschen Vorhersagen, fehlerhaften Konstruktionen, Abtriften in gefährliche Bereiche etc. führen können. Man wusste seit 1899 durch die Arbeiten des deutschen Mathematikers Paul Gordan, dass sich faktisch alle wichtigen Probleme für nicht lineare Gebilde und Systeme solcher Gebilde einheitlich lösen ließen, wenn man alle solchen Gebilde in eine gewisse „Standardform" überführen könnte, bei der die einzelnen Variablen in einem gewissen Sinne entkoppelt sind. Genau das leisten die Gröbner-Basen!

Anmerkungen

1 Wolfgang Gröbner (1899–1980), ordentlicher Professor für Mathematik an der Universität Innsbruck, wurde vor allem durch seine Arbeiten über die sogenannten Lie-Reihen zur Lösung von Differenzialgleichungen und über die Theorie der sogenannten Polynomideale bekannt. Sehr berühmt war auch seine Integraltafel (mit Nikolaus Hofreiter).

2 Das Problem wurde 1899 in einer etwas anderen Form vom deutschen Mathematiker Paul Gordan (1837–1912) gestellt.

3 Man sagte „die ZUSE", abgeleitet von „die Rechenmaschine" ZUSE; nicht „der" Computer ZUSE. „Der" Zuse war der Erfinder, nämlich der deutsche Ingenieur Konrad Zuse, in dessen Firma in Bad Hersfeld ich 1964 auch eine fünfmonatige Hardwareschulung für „die" ZUSE erhielt.

4 Rigorosum: die letzte, umfassende, „strenge" Prüfung beim Doktoratsstudium.

5 2013 hat Peter Paule dazu das Buch „Mathematics, Computer Science and Logic – A Never Ending Story" (Springer, Heidelberg) herausgegeben. Es umfasst Gedanken namhafter Mathematiker über das Zusammenspiel dieser drei Gebiete.

6 Algorithmus: eine durch den Computer ausführbare Methode zur Lösung eines mathematischen Problems.

7 Hans Knapp (später Professor an der Johannes Kepler Universität Linz; leider 2004 allzu früh verstorben) und Gerhard Wanner (später viele Jahre Professor an der Universität Genf und ein sehr bedeutender numerischer Mathematiker).

8 Der Titel meines Vortrags war „Machine-independent Complexity Theory". Natürlich hängt die Komplexität von Berechnungen wesentlich vom verwendeten Computer ab. Der Titel war also provokant, denn in der Tat kann man sehr viele fundamentale Dinge über Komplexität relativ zur Hardwaregeschwindigkeit der konkreten Maschine sagen. Die feine Provokation, die zum Denken anregen sollte, hatte also voll eingeschlagen, allerdings zu meinem Schaden.

9 Yuri Matiyasevich hat 1970 gezeigt, dass das berühmte „Zehnte Hilbert-Problem", das David Hilbert (1862–1943) 1904 in seine Sammlung fundamentaler ungelöster Probleme der Mathematik aufgenommen hatte, grundsätzlich nicht durch Computerverfahren („Algorithmen") gelöst werden kann. Dieses „Zehnte Problem" ist im Wesentlichen dieselbe Fragestellung, mit der ich mich in meiner Dissertation beschäftigt habe, aber in der Version, wo es um die ganzzahligen Lösungen nicht linearer Systeme geht. Mein Problem in der Dissertation war dasselbe Problem für Lösungen in beliebigen Zahlbereichen. Natürlich war es naheliegend zu glauben, dass das Problem in beliebigen Zahlbereichen unlösbar sei, wenn es „schon in ganzzahligen Bereichen nicht lösbar ist". Dass es genau umgekehrt ist, war also unerwartet und eben überraschend.

10 Rüdiger Loos, viele Jahre ordentlicher Professor für Informatik in Tübingen und ein Pionier für das, was man heute „Computer-Algebra“ nennt, und ein Vorkämpfer für die Verbindung von ausgefeilter Algorithmik und guter Software.

11 B. Buchberger/G. E. Collins/R. Loos: Computer-Algebra – Symbolic and Algebraic Computation. Springer, Wien 1982.

MATHEMATIK
IM AUGE DES TECHNOLOGISCHEN HURRIKANS

Die Gröbner-Basen: ein Algorithmus und so viele Anwendungen. Wie ist das möglich?

Der Schlüssel für die vielfältige praktische Anwendbarkeit mathematischer Methoden liegt in ihrer Abstraktheit (lateinisch „abs-trahere" – „weg-ziehen", im Sinne von Wegziehen von der Realität). Das klingt wie ein Widerspruch, was es auch in einem gewissen Sinne ist, aber in einem anderen Sinne eben gerade nicht.

Abstraktheit und Praxis sind zunächst Gegensätze. In der Praxis ist die konkrete Realität der Roboter und ihrer Gelenkspositionen – (wie auf Seite 36 erwähnt) – sehr verschieden von der Realität der unbekannten Bits eines Passworts, mit dem der Zugang zu einem Computer geschützt ist oder mit dem man Files mit sensiblem Inhalt verschlüsselt. Im abstrakten mathematischen Raum, in welchem diese so verschiedenen Realitäten und viele andere beschrieben werden, sind die Beziehungen zwischen den Variablen immer von derselben Art, nämlich „nicht lineare Polynome"[1]. In diesem Raum gibt es keine Robotergreifer und keine Passwörter, keine Ölpumpenventile und keine Gene, sondern eben nur Zahlen, Variable und Operationen.

Andererseits ist gerade die Abstraktheit der mathematischen Räume der Grund, warum sie so praktisch sind: Wenn man ein Problem in einem abstrakten mathematischen Raum gelöst hat, dann sind damit alle strukturell identischen Probleme in all den möglichen Realitäten gelöst, die man in diesen abstrakten Räumen beschreiben (man sagt „modellieren") kann. Man muss nur erkennen, auf welche Weise sich ein Problem in einer konkreten Realität durch ein Problem in einem abstrakten mathematischen Raum modellieren lässt. Das Beschreiben konkreter Probleme aus konkreten Realitäten in abstrakten Räumen ist durchaus eine sehr kreative Tätigkeit. Denn es kommt darauf an, dass man das für das konkrete Problem Wesentliche hervorhebt und erkennt, wie dieses im abstrakten Raum „strukturell isomorph" beschrieben werden kann und man andererseits das für das konkrete Problem Unwesentliche vernachlässigt, damit es den Blick nicht verstellt.

Manche Mathematiker sind heute damit zufrieden, Probleme in abstrakten Räumen zu lösen. Die Konzentration auf die abstrakten Räume ist auch in der Phase der Problemlösung sehr wichtig („reine Mathematik"). Aber wirklich gute Mathematiker beziehen auch die Kunst des „Modellierens" (und dementsprechend die Kunst des „Interpretierens" von Ergebnissen in den abstrakten Räumen zurück in die konkreten Realitäten) in den Rahmen der Mathematik ein („angewandte Mathematik"). Historisch betrachtet ist in früheren Jahrhunderten die Tätigkeit der Mathematiker nicht in eine „reine" und eine „angewandte" Mathematik zerfallen und ich betrachte den Zerfall als großen Rückschritt. Diesen kann man nur dadurch entschuldigen, weil beides – das Arbeiten in den abstrakten Räumen und das „Modellieren" und „Interpretieren" – sehr anspruchsvoll ist und die Potenz eines Einzelnen leicht überfordert. Dennoch sollte die Mathematik das Ideal einer höchst abstrakten Kunst mit höchst praktischer Relevanz niemals aufgeben, und ich habe mich immer bemüht, diesen „Spagat" zu schaffen.

Die Möglichkeit, sich mit einem Problem in abstrakter Form einmal gründlich zu befassen (wobei das sehr lange dauern kann, zum Beispiel von 1899 bis 1965 bei den Gröbner-Basen), um sich dann unendlich oft (bei den unendlich vielen möglichen Anwendungsfällen) nicht mehr mit dem Problem befassen zu müssen, nenne ich „das Wunder der Mathematik". Man kann diesen Aspekt der Mathematik nicht genug betonen, insbesondere auch im Lichte oder „Unlichte" dessen, dass in der heutigen Zeit das Befassen mit Mathematik als abstrakte Denktechnologie und ihre Relevanz für die gesamte Wissenschaft, Technologie, Wirtschaft und Praxis der Gesellschaft immer mehr aus der Mitte der Allgemeinbildung an den Rand gedrängt werden. Man meint stattdessen, dass für eine praxisbezogene Ausbildung das spielerische Erfahren konkreter Realitäten ausreiche.

Paradoxerweise werden die konkreten Realitäten heute unter Einsatz der modernen Technologien durch „virtuelle Realitäten" ersetzt. Diese wiederum wurden nur durch die ungeheuren Fortschritte der Mathematik in den letzten fünf bis sechs Jahrzehnten möglich, werden aber in der Öffentlichkeit nicht als Fortschritte der Mathematik wahrgenommen.

Je abstrakter der Raum und je fundamentaler die Probleme in diesen Räumen, desto größer ist das Potenzial für mögliche konkrete Anwendungen: Denn „abstrakter" bedeutet „unter weniger Voraussetzungen". Weniger Voraussetzungen bedeutet, dass mehr Realitäten die Voraussetzungen erfüllen.

Im Fall der Gröbner-Basen ist es auch heute noch so, dass ich jedes Jahr eine Reihe von neuen Papers erhalte, in denen wieder eine neue Anwendung meiner Theorie und Methode der Gröbner-Basen beschrieben wird. Darunter unterhaltsame Anwendungen wie das Lösen von Sudoku-Rätseln oder der Beweis, dass gewisse Konstruktionen mit Origami (japanische Papierfaltkunst) tatsächlich bestimmte definierte Eigenschaften erfüllen – zum Beispiel ein gleichseitiges Siebeneck zu sein. Insgesamt gibt es heute Tausende Publikationen über

Verbesserungen der Theorie der Gröbner-Basen und ihre Anwendungen sowie circa dreißig Lehrbücher. Die Methode ist heute in allen mathematischen Softwaresystemen wie *Mathematica*, *Maple* etc. implementiert, sodass sie von jedermann als „Blackbox" mittels eines „Mausklicks" abrufbar ist. Leider kann man mathematische Begriffe, Theoreme und darauf aufbauende Verfahren (Algorithmen) nicht patentieren, sonst würde bei mir ständig die Kasse klingeln. Aber jedes Mal klingelt sozusagen mein Selbstwertgefühl im Cyberspace.

Ist es wahr, dass man etwas Neues in der Mathematik nur in der Jugend erfinden kann? Haben Sie später noch andere Algorithmen erfunden?

Dass schwierige mathematische Probleme hauptsächlich von jungen Leuten gelöst werden, da ist etwas Wahres dran, das muss man ehrlich sagen. Aber es gibt schon tolle Typen in der Mathematik, denen mehrere Male im Leben „tolle Schüsse" gelingen. Es ist aber relativ selten, dass jemand den ersten tollen Schuss in der Mathematik nach 30 macht. Die schwierigen mathematischen Probleme werden meist von ganz jungen Leuten geknackt, die „unbelastet" sind von Fehlversuchen der Vergangenheit und sich mit frischen Ideen und zum Teil mit einem gewissen Trotz hineinwerfen.

Aber all diese „statistischen" Aussagen über die mathematische Kreativität sind sehr gefährlich und würden vielleicht von manchen meiner Kollegen erbost infrage gestellt. Unter anderem von mir selbst, denn ich bilde mir ein, noch immer das Lösungspotenzial meiner jungen Jahre zu haben, ja sogar durch die Erfahrung in den verschiedenen Aspekten der Mathematik – von der Logik über die Algorithmik bis zur Software und der Anwendung – noch mehr Potenzial zu haben. Ich teste das auch manchmal aus, indem ich versuche, in einem konzentrierten

Husarenritt Probleme zu lösen, die Dissertanten am Institut RISC[2] bei einer Kaffeepause an mich herantragen. Oft habe ich dann für das Finden einer Lösung nur ganz wenig Zeit, weil ich ja meistens gleichzeitig mit Managementaufgaben belastet bin. Unter Zeitdruck funktionieren meine Ganglien meist besser als je zuvor und es gelingen mir immer wieder Lösungen für Probleme, an denen meine jungen Kollegen schon eine Weile „herumgekiefelt" haben. Aber wer weiß, vielleicht bilde ich mir das nur ein, und merke gar nicht, dass die Lösungskraft schwindet ...

Allgemein scheint es aber so zu sein, dass die meisten Mathematiker, wenn ihnen eine schwierige Sache in jungen Jahren gelungen ist, bald ein gewisses Bedürfnis spüren, für das Gebiet der Mathematik, in welchem sie punktuell durch Lösen eines wichtigen Problems gearbeitet haben, einen neuen Gesamtrahmen, eine neue Sicht in eine neue Richtung, zu entwickeln. Das kann sehr innovativ sein und ist die Anwendung der mathematischen Kreativität in eine andere Richtung. Davon profitieren dann oft ganze Generationen junger Mathematiker. So war es ja in meinem Fall auch bei Gröbner, der durch seine ungeheure Übersicht in der Lage war, meinem gierigen Problemlösegehirn ein „sinnvolles" Problem „vorzuwerfen". So bemühe ich mich auch meinerseits, insbesondere seit meiner Gründung des RISC *(Research Institute for Symbolic Computation)* 1987 und durch die Initiierung des *Journal of Symbolic Computation* einen Rahmen für viele jungen Leute zu schaffen, in welchem sie ihre mathematische Begabung und ihren Forschungswillen in einem der wichtigsten Zukunftsthemen der Mathematik und „Software Science" ausleben können.

Tatsache ist aber, dass keines meiner sonstigen späteren mathematischen Ergebnisse in der Mathematik diese Anerkennung gefunden hat, die mir – nach einer Fruststrecke von zehn Jahren – die Gröbner-Basen gebracht haben. So befasste ich mich von circa 1976 bis circa 1985 mit dem Entwurf eines Parallel-Computers (ein Computer mit vielen Prozessoren) für die speziellen Zwecke des „Symbolic and Algebraic Computation" (des Teils der Mathematik, zu dem auch die Theorie der Gröbner-Basen gehört). Ich habe diese Erfindung als nicht trivial betrachtet und auch patentieren lassen, aber ich musste lernen, dass in diesem Bereich die Uhren anders ticken und etliche andere Aspekte, nicht nur mathematische, eine entscheidende Rolle spielen. Erstens kam damals circa ein Jahr später eine US-Firma mit einem Chip auf den Markt (dem „Transputer"), der im Wesentlichen dasselbe machte wie das, was ich vorgeschlagen hatte, aber mit neuester Technologie, die ich mit den bescheidenen Forschungsmitteln, die ich beim FWF[3] lukriert hatte, und im universitären Umfeld niemals hätte einsetzen können. Zweitens mussten wir alle (auch Firmen, die den „Transputer" herausgebracht hatten) damals lernen, dass die Vorteile, die Spezialprozessoren in Bezug auf Geschwindigkeit, Funktionalität gegenüber den Standardprozessoren bringen können, in kürzester Zeit getoppt werden durch die Simulation der Funktionalität der Spezialprozessoren auf besseren, schnelleren, durch die Massenproduktion billigeren Standardprozessoren.

Ein anderes Ergebnis von mir, das ich persönlich für wesentlich halte, betrifft nicht so sehr die Lösung eines bestimmten Problems, sondern mein „Theorema"-Projekt, das ich 1995 initiiert habe und das seither den Fokus meiner wissenschaftlichen Arbeit bildet. Dieses Projekt zielt auf den Entwurf und die Entwicklung eines logischen Rahmens und darauf aufbauenden Softwaresystems, mit dem der Erfindungs- und Verifikationsprozess in der Mathematik in der Zukunft „durch den Computer" (das heißt durch im Computer implementierten Schlussverfahren von uns) signifikant unterstützt werden können. Dies wird auch zu einer grundlegenden Neuorganisation des globalen Aufbaus von mathematischem Wissen führen.

Mit anderen Worten: Während in heutigen mathematischen Softwaresystemen nur mathematische Algorithmen (Computermethoden) für den Benutzer gesammelt und als „Black Boxes“ bereitgestellt werden, soll in Zukunft auch das „Theorem“-Wissen der Mathematik (also die Sätze und Beweise, auf denen die Algorithmen aufbauen) in diesen Systemen zur Verfügung stehen, und zwar so, dass es nahtlos mit den Algorithmen verbunden ist.

Dieses Thema scheint nun Fahrt aufzunehmen: So wurde beim „International Congress of Mathematicians“, der nur alle vier Jahre stattfindet und eine Art Standortbestimmung der globalen Mathematik im jeweiligen Jahr ist, 2014 erstmalig ein Meeting aller in diesem Bereich tätigen Gruppen abgehalten, in welchem über die Zukunft der „Digital Libraries for Mathematics“ gesprochen wurde und versucht wurde, die Zugänge der verschiedenen Forschungsgruppen in diesem Bereich zu koordinieren und die „best practices“ zu einer globalen Bewegung zu vereinen – ein nicht allzu leichtes Unterfangen bei dem ausgeprägten Individualismus der meisten Mathematiker. Ich bin ganz besonders stolz darauf, dass ich vor Kurzem zwölf der aktivsten europäischen Forschergruppen auf diesem Gebiet motivieren konnte, ein gemeinsames Projekt zur erstmaligen Realisierung einer webbasierten open access „global mathematical knowledge base“ im Rahmen des EU-„Horizon-2020“-Programms einzureichen. Ob es aufgeht, ist noch fraglich, aber man spürt, dass hier weltweit etwas in Gang kommt.

Ein anderes Indiz ist das Umschwenken eines der bedeutendsten heutigen Mathematiker, Vladimir A. Voevodsky, der – mit der „Fields Medal“ ausgezeichnet – sicher die Anerkennung der „reinen Mathematiker“ hat, von seinem bisherigen Forschungsgebiet zu einer „revolution of mathematics“. Anstatt unsere Kreativität weiterhin nur auf die Lösungen gewisser Probleme in den verschiedenen Teilgebieten der Mathematik zu richten, sollten wir Systeme des „automated reasoning" schaffen, die uns beim Erfinden und Verifizieren alter und neuer Mathematik unterstützen. Für ihn ist das eine „revolution", für die bisher wenigen Gruppen, die sich mit diesem Thema seit den frühen 1990er-Jahren befassen (darunter die von mir initiierte und geleitete „Theorema"-Gruppe), ist das auch eine „revolution", aber eben eine, die wir schon vor Jahren begonnen haben, die aber von der „reinen Mathematik" bisher noch nicht wahrgenommen wurde. Wir sind hier also durchaus ganz vorne.

Auf die Ausgangsfrage zurückkommend: Mathematische Kreativität zeigt sich nicht unbedingt nur im Erfinden eines neuen Theorems, Beweises oder Algorithmus, sondern auch in der Gewinnung eines neuen Durchblicks, einer neuen Betrachtungsart, einer neuen Art, Mathematik zu betreiben unter Zuhilfenahme all dieser wunderbaren Technologien, die – mit den Mitteln der Mathematik – in den letzten Jahrzehnten geschaffen wurden.

Anmerkungen

1 Nicht lineare Polynome: Formeln bestehend aus Zahlen, „Variablen" x, y, z ... und Operationen wie zum Beispiel „plus" und „mal", aber auch andere Operationen wie die „Reduktion" von Polynomen durch Polynome.

2 RISC: Research Institute for Symbolic Computation, das Institut an der Johannes Kepler Universität Linz, das ich 1987 gegründet habe und von dem aus ich dann auch den Softwarepark Hagenberg als Spin-off entwickelt habe.

3 FWF: Fonds zur Förderung der wissenschaftlichen Forschung (Österreich).

FORSCHUNG
EINE FRAGE DES GELDES?

Es wird ständig gejammert, dass die Forschung zu wenig Geld bekommt. Was brauchen Sie, um Mathematik zu betreiben?

Ehrlich gesagt, ich kann das Gejammer nicht mehr hören.

Natürlich sollte ein Staat wie Österreich einen signifikanten Teil seiner Einnahmen für Forschung und Lehre in seinen akademischen Institutionen und den Transfer der Forschung und Ausbildung in Innovation ausgeben. Das ist so selbstverständlich, dass es nicht notwendig sein sollte, darüber lange zu reden. Wer heute die zentrale Rolle der Forschung für die Weiterentwicklung unserer globalen Gesellschaft und die Kompetitivität von Ländern und Regionen nicht sieht, hat die Entwicklung der letzten Jahrzehnte nicht verfolgt und verstanden. Und ganz abgesehen von der technologischen und wirtschaftlichen Relevanz gibt es auch so etwas wie die Verantwortung gegenüber dem „Welterbe Mathematik" genauso wie dem Welterbe der anderen wissenschaftlichen Disziplinen, insbesondere auch der geisteswissenschaftlichen und auch dem Welterbe „Wissenschaft als Methode der Wissensgewinnung". Insofern: Ja, Wissenschaft braucht Geld und in Österreich mehr Geld, und das liegt in der Tat in der Verantwortung der Regierung. Da schadet es nicht, wenn man immer wieder auf die Wichtigkeit der ausreichenden Förderung der Forschung und Lehre hinweist.

Forschung ist aber nicht nur eine Sache des Geldes, sondern vor allem eine Sache der Begeisterung für das Entdecken der Welt und das Erfinden von Methoden, in dieser Welt erfüllt zu leben. Eine Sache der Begeisterung für ein spannendes Leben als Forscher in einer immer internationaler und globaler werdenden Forschungsgemeinschaft. Begeisterung für die „Kunst" des Entdeckens, Erfindens, Erklärens. Begeisterung für die Freiheit des Geistes. Begeisterung, das unmöglich Erscheinende möglich zu machen. Begeisterung für die Potenz der Sprache, ihrer Unbestimmtheit, ihre Flexibilität und ihrer Fähigkeit, trotz aller Unbestimmtheit Strukturen einzufangen und zu reflektieren. Deshalb werden Höchstleistungen und überraschende Einsichten und Fortschritte in der Wissenschaft oft ziemlich unabhängig von geplanten Strukturen und oft auch unabhängig von den involvierten Mitteln erzielt.

Mit Stolz und einer gewissen Ironie erinnere ich mich heute gerne daran, dass ich die Gröbner-Basen in einem umgebauten Klo an der Leopold Franzens Universität in Innsbruck erfunden habe. Zu einer Zeit, als ich als Werkstudent 40 Stunden in der Woche programmiert habe, der Computer in der alten Hausmeisterwohnung stand und das umgebaute Klo das abgeschirmte Denkrefugium für den Programmierer war. Ohne PhD-Stipendium und ohne die Verhätschelung der Einbettung in irgendein Forschungs- oder Karriereprogramm! Aber ich habe das als „normal" betrachtet und hätte keinen Grund gesehen, warum ich mich nicht mit dem mathematischen Problem meiner Dissertation hätte beschäftigen können.

Als alle jungen Wissenschaftler, die etwas auf sich hielten, versucht haben, in irgendeinem Institut in den USA Fuß zu fassen – was dann durch die Mittelkürzung aufgrund des Vietnamkriegs zunehmend schwieriger wurde –, habe ich mich aus einer Augenblickseingebung heraus entschlossen, an ein Forschungsinstitut nach Russland (damals SSSR)[1] zu gehen. Ich wollte es einfach wissen: Was bleibt von unserer Art, Forschung zu betreiben, wenn sich der politische und gesellschaftliche Kontext radikal ändert? Die Erfahrung war höchst interessant und hat mir Einsichten für mein ganzes Leben gegeben, auch wenn die Umstände meines Aufenthalts alles andere als leicht oder angenehm waren. Ich erinnere mich, dass ich vor meiner Abreise nach Russland noch schnell mein Rennrad verkauft habe, denn meine Familie musste in der Zeit meines Russlandabenteuers von unseren Ersparnissen leben, denn die Rubel, die ich in Russland verdiente, waren im Westen absolut nichts wert. Ich habe dort Forscherpersönlichkeiten kennengelernt, insbesondere auch in der Mathematik, die mich zutiefst beeindruckt haben und die Fahne der leidenschaftlichen, aber gedanklich freien Wissenschaft hochgehalten haben, auch wenn es ein enges politisches Korsett gab. Das waren tiefgreifende Erfahrungen, die mich sehr geprägt haben.

Als ich schließlich durch günstige Umstände – weil es damals wenige Mathematiker gab, die das neue Gebiet der Informatik in ihr intellektuelles Habitat integriert hatten – 1974 mit erst 31 Jahren Professor an der Johannes Kepler Universität wurde, war es für mich selbstverständlich, dass ich mein Arbeitsgebiet mit nur zwei wissenschaftlichen Mitarbeitern und einer halben Sekretärinnenstelle im „Besoldungsschema D" aufbauen musste. Ich habe darüber nie lamentiert, sondern mir gedacht: „Ich kann von da ausgehend selbst schauen, wie ich mehr Mittel erarbeiten kann, wenn mir mein Forschungsgebiet wichtig ist."

Wer trägt die Verantwortung für das Gedeihen der Universitäten in Österreich?

Es war für mich immer klar und ich möchte betonen, dass die Professoren an den Universitäten die eigentliche Verantwortung für die Entwicklung der Wissenschaft, Forschung und Lehre bis hin zur wirtschaftlichen Innovation tragen und diese Verantwortung nicht abschieben können und sollen. Vom Staat Geld zu fordern ist zu wenig!

Ich mache mir wirklich Sorgen nur um eines, nämlich das, was ich „zyklische Verantwortungsverschiebung“ nenne. Die Universitäten jammern, weil sie zu wenig Geld vom Staat erhalten; der Staat jammert, weil bei der universitären Forschung zu wenig für die Innovation in der Wirtschaft herausschaut; die Wirtschaft jammert, dass sie wegen der mangelnden Fachkräfte in der Konkurrenzfähigkeit zurückfällt; die Universitätsabsolventen jammern, dass sie in den Betrieben zu wenig bezahlt bekommen ...

Ich sehe da nur einen Ausweg, nämlich „die Durchbrechung der zyklischen Verantwortungsverschiebung“. Es müssen Einzelpersonen, die durchaus „das Recht“ hätten, die Verantwortung für Defizite im eigenen Bereich auf andere zu verschieben und „zu jammern“, dieser Versuchung widerstehen und sie – durchaus im vollen Bewusstsein, dass viele der Defizite von außen kommen – mit einem gewissen Maß an Mehrleistung, Mehreinsatz, Mehrdenken, Mehrkreativität die Defizite im eigenen Bereich ausgleichen. Das bedeutet sehr oft, auch gegen den Strom zu schwimmen, „heilige Kühe“ links liegen und grasen zu lassen, ein bisschen rauen Gegenwind auszuhalten.

Da ich selbst zur Gruppe der Universitätsprofessoren gehöre, gebe ich diese Empfehlung auch nicht anderen Gruppen oder Institutionen, sondern nur meiner eigenen – und letztlich mir selbst. Ich halte uns Universitätsprofessoren für eine durchaus privilegierte Gruppe, der Jammern schlecht ansteht. Stattdessen sollten wir unsere relative Freiheit nutzen und aktiv werden, unseren eigenen Laden – und ich meine hier die österreichischen Universitäten (denn mit welchem Recht sollte ich anderen Ländern etwas empfehlen?) – in Schuss zu bringen.

Da sehe ich viel Potenzial, zum Beispiel:[2]

- Gezieltes Marketing für die österreichischen Universitäten am Weltmarkt der Studenten. Der geringe Anteil an ausländischen Studierenden ist beschämend!

- Freilich ist das nur sinnvoll im Zusammenhang mit der Einführung kostendeckender Studiengebühren, die für ausgezeichnete und gute Studenten durch entsprechende Stipendien zur Gänze oder teilweise kompensiert werden, im Nettoeffekt aber einen wesentlichen Teil des Einkommens von Universitäten darstellen können, wie die führenden Universitäten in der Welt zeigen.
- Umstellung der Studienprogramme, die für ausländische Studierende attraktiv sein können, auf Englisch, damit Hand in Hand verstärkte Berufung ausländischer Professoren.
- Mehr Einsatz für die Lukrierung von Drittmitteln aus den in- und ausländischen Forschungsfonds und der in- und ausländischen Wirtschaft.
- Belohnung (zum Beispiel durch Ressourcenaufstockung) der Professoren, die Drittmittel, Projekte, Kooperationen etc. an die Universität bringen.
- Drastisches Zurückfahren der Bürokratie, die sich in den letzten Jahren an den Universitäten in beängstigender Weise ausgebreitet hat.
- Rückführung der organisatorischen Verantwortung („Administration light") an die Professoren. (Das stellt ein hohes Einsparungspotenzial dar, das für Ressourcenanreize für aktive Professoren benutzt werden kann.)
- Wiederbelebung der akademischen Freiheit in den Studien und weg von den zu starren und zu sehr aufgefächerten Studienprogrammen.
- Weg von der Aufsplitterung der Universitäten in zu kleine Fakultäten und weg von den zu vielen Ebenen zwischen Gesamtuniversität und den Arbeitsgruppen der einzelnen Professoren.
- Systematischer Umgang mit der an den Universitäten erarbeiteten „Intellectual Property".
- Einrichtung von „Innovationsszenen" an den Universitäten,

die die Studierenden, Absolventen, Professoren und das Innovationskapital direkt auf dem Universitätsgelände zusammenbringen.

- Persönlicher Einsatz der Professoren in der Lehre, um ein gesamthaftes Bild des jeweiligen Gebiets zu vermitteln (Grundlagenforschung, angewandte Forschung, Technologien, Wirtschaft, gesellschaftliche Implikationen) und um Absolventen, die in der Forschung bleiben wollen, als auch jene, die in die Wirtschaft gehen und zur wirtschaftlichen Innovation beitragen wollen, als auch diejenigen, die den Lehrberuf ergreifen, umfassend für ihr Fach zu begeistern. Dies ist insbesondere für die zukünftigen Lehrer wichtig. Denn Lehrer, die die Begeisterung für ihr Fach und den gesellschaftlichen Gesamtzusammenhang ihres Faches selbst nicht erfahren haben, können die Begeisterung auch den Schülern nicht vermitteln. Wir stehen dann vor einer Generation, die von der Wurzel ihres gesellschaftlichen, technologischen und wirtschaftlichen Hochstands mehr und mehr abgeschnitten ist.

All das kann jederzeit in Angriff genommen werden, und zwar von den Professoren selbst. Es sind dazu keine gesetzlichen oder administrativen Änderungen notwendig. Dann wird auch unser ständiges Jammern nach mehr Geld vom Staat mehr Berechtigung haben und ernster genommen werden.

Natürlich ist die Mathematik in Bezug auf Ressourcen zunächst in einer scheinbar besonders glücklichen Lage. Denn in der Tat ist für unsere Forschung nur das berühmte Duo „Papier und Bleistift" (heute in Form von „Laptop und Screen") notwendig. Persönlich genieße ich es, dass ich heute nicht einmal mehr das umgebaute Klo meiner Dissertantenzeit und schon gar nicht den Saal mit dem „Elektronengehirn" brauche, sondern wenn schon das griechische Café um die Ecke oder die

Lounge am Flughafen. Nicht einmal mehr die Bibliothek und deren berühmter „Zettelkasten“ sind wichtig, es kommt alles auf Knopfdruck aus dem Web. Es ist wichtig zu verstehen, dass auch dieser heute mögliche und selbstverständliche „Web-Knopfdruck“ letztlich ein Ergebnis der Mathematik ist: Das Grundkonzept des Computers ist ein rein mathematisches Gedankenkonstrukt und wurde genauso einmal von einem Mathematiker[3] erfunden wie in meinem Fall die Gröbner-Basen.

Das einzige Geld, das die Mathematik immer brauchen kann – und das in unbegrenztem Maße –, ist jenes, mit dem junge begabte und motivierte Leute die Chance bekommen, in das Abenteuer Mathematik einzusteigen. Finanzielle Mittel sind auch nötig, damit man Österreich als einen Ort etablieren kann, wo man zur mathematischen Forschung hinkommt. In der Tat hat die österreichische Mathematik in einigen Disziplinen Weltruf, wie man an einigen objektiven Fakten ablesen kann.[4] Die Institute, die diesen Ruf begründet haben, sollte man entsprechend fördern, vor allem durch Mittel für Forscherinnen und Forscher aus dem In-, aber auch aus dem Ausland. Die Attraktivität Österreichs für die wissenschafts- und technologiebegeisterte Jugend der Welt ist meines Erachtens das Schlüsselkriterium für unsere Zukunftsfitness.

In der Tat ist die mathematische Forschung als Grundlage für die vielfältigen neuen Informationstechnologien und gleichzeitig unter Anwendung dieser Technologien so faszinierend wie noch nie. Ich bin von Jahr zu Jahr begeisterter vom Leben in der Mathematik und bin immer mehr autark. Im Prinzip brauche ich weder eine Universität und ein Institut noch eine Infrastruktur (mit Ausnahme meines Macs). Nur wenn es, wie in meinem Fall, darum geht, die Ideen in Software umzusetzen, muss man eine Gruppe aufbauen, koordinieren, dafür auch die nötigen Mittel auftreiben und versuchen, die Gruppe über etliche Jahre stabil zu halten. Die Investition in den Aufbau und Erhalt der Schlüsseltechnologie mathematischer Software, die immer mehr zur allgemeinen „Denksoftware" wird, ist für ein Land wie Österreich von entscheidender Zukunftsrelevanz.

Anmerkungen

1 Das „Joint Institute for Nuclear Research" in Dubna, circa 120 Kilometer nördlich von Moskau, damals das „CERN des Ostens".
2 Meine Bemerkungen bzw. Vorschläge beziehen sich hauptsächlich auf die sogenannten MINT-Fächer (Mathematik, Informatik, Naturwissenschaften, Technik). Sie sind zum Teil auf andere Fächer (z. B. Kulturwissenschaften) nicht anwendbar. Aber ein Nachdenken über ähnliche Maßnahmen würde auch bei anderen Fächern nicht schaden.
3 Je nachdem, wie man es nimmt: von Kurt Gödel (1930), von Alan M. Turing (1936), von Howard H. Aiken (1944), von Konrad Zuse (1941) oder von John von Neumann (1946).
4 Nur exemplarisch drei Testimonials: Schon 1992 schrieb die „US National Science Foundation" in einem weltweiten Vergleich über RISC: „There is no comparable facility in the US." 2005 schrieb die internationale Evaluierungskommission für das EU-Projekt „SCIEnce": „RISC is a high-level scientific institution, perhaps the best one on a world scale in the symbolic computation field." Ende 2013 wurde der gemeinsame Forschungsbereich „Algorithmic and Enumerative Combinatorics" von Prof. Peter Paule und Prof. Carsten Schneider (RISC) sowie Prof. Christian Krattenthaler (Universität Wien) international wie folgt bewertet: „The project contractors are world leaders in their field who built up the most visible group in this area."

MATHEMATIK
DIE KULTUR DER SPRACHE

Mathematiker gelten oft als unverständlich. Welchen Einfluss hatte die Mathematik auf Ihre Sprache?

Mathematik ist extreme Sprachkultur!

Sprache ist flexibel. Sprache reicht von den Spontanäußerungen der frühen Evolution über die Unmittelbarkeit der Alltagssprache und die Subtilitäten der Sprachkunst bis zur Präzision der Sprache der Mathematik und deren Übersteigerung als Computersprache(n). Sprache ist nicht gebunden an ein bestimmtes Medium wie das gesprochene Wort oder die Schrift. In der heutigen Computerwelt sind die Medien für Sprache die Speicher- und Übertragungsmedien, die sich immer feinerer Ebenen der Natur bedienen.

In der Frühzeit der Mathematik beschrieb sie gewisse Regelmäßigkeiten in der Natur und war damit kaum zu unterscheiden von der Physik oder anderen Naturbeobachtungswissenschaften. In einem gewissen historischen Stadium – und in einem gewissen Stadium der Entwicklung eines jeden Menschen – trennt sich das Beobachten vom Schließen und in diesem Augenblick entsteht Mathematik im heutigen Sinne.

Betrachten wir zum Beispiel die folgende Figur:

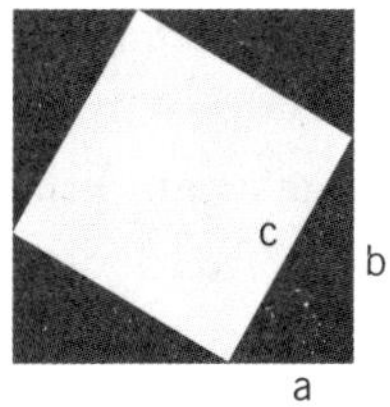

Man kann beobachten, dass die Fläche des großen Quadrats gleich ist der Fläche des kleinen Quadrats plus vier mal die Fläche der Dreiecke. Wenn man die zwei kurzen Seiten des Dreiecks mit a und b bezeichnet und die lange mit c, sieht man also, dass

$$(a + b) \times (a + b) = c \times c + 4 \times (1/2) \times a \times b.$$

Betrachten wir jetzt noch folgende Figur:

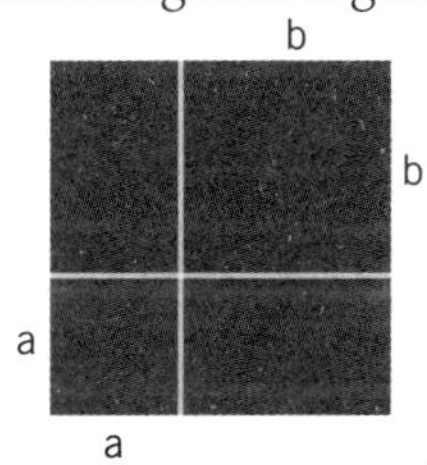

Man kann beobachten, dass die Fläche des großen Quadrats gleich ist der Fläche der zwei kleinen Quadrate plus zwei mal die Fläche der identischen Rechtecke, also

$$(a + b) \times (a + b) = a \times a + b \times b + 2 \times a \times b.$$

Wenn man nun die beiden Beobachtungen zusammenbringt, dann kann man „schließen", weil man „Gleiches durch Gleiches ersetzen kann", dass

$$c \times c + 4 \times (1/2) \times a \times b = a \times a + b \times b + 2 \times a \times b$$

und schließlich, weil $4 \times (1/2) = 2$ und man bei Gleichem das Gleiche abziehen kann und wieder Gleiches erhält, dass $c^2 = a^2 + b^2$.

Wir erhalten also mit dieser Sequenz von Beobachtungen und Schlussschritten eine wichtige Einsicht über beliebige rechtwinklige Dreiecke, die nach dem griechischen Mathematiker Pythagoras benannt ist. Ob Pythagoras wirklich der Erste war, der diese Einsicht hatte, lässt sich heute nicht mehr mit Sicherheit sagen. Die Richtigkeit der Einsicht kann aber heute jeder mit den obigen Schritten für sich wiederentdecken oder wenigstens verifizieren.

Was in dieser Kette von Argumenten „Beobachtung" ist und was „Schließen", lässt sich hier kaum unterscheiden. Denn natürlich ist auch eine Einsicht, dass $4 \times (½) = 2$, und die Einsicht, dass man überall Gleiches durch Gleiches ersetzen kann und wieder Gleiches erhält, etwas, was man „in der Welt beobachten" kann.

Das Überzeugen, Klarmachen, Erklären ..., warum etwas zunächst kompliziert Erscheinendes wie die Einsicht, dass für die Seiten a, b, c eines rechtwinkligen Dreiecks immer $c^2 = a^2 + b^2$ gilt, indem man das Komplizierte in endlich vielen „kleinen" Schritten auf Bekanntes, Vorausgesetztes, Angenommenes, Geglaubtes, bereits Erkanntes ... zurückführt, ist der Stil, das Anliegen, die Kunst, die Methode, die Denktechnologie der „Mathematik".

Dabei gilt es als wesentlich, dass die Schritte „so klein" sind, dass sie „jeder nachvollziehen kann". Natürlich kann man darüber debattieren, wie viel „jeder" nachzuvollziehen in der Lage ist und welchen Maßstab man an „jeden" legt. Über die Jahrhunderte hat sich darüber ein gewisser Konsens herausgebildet. Im 20. Jahrhundert wurde das sehr genau präzisiert und heute – im Zeitalter des Computers – kann man das sehr leicht erklären: Die einzelnen Schritte müssen „vom größten Idioten" – und das ist der Computer – geprüft werden können. In der Tat gibt es heute Programme, die die Korrektheit von mathematischen Gedankenketten wie der obigen (man nennt diese „Beweise") überprüfen können.

Eine ganz andere Frage ist, wie man Gedankenketten findet, die ein bekanntes oder neues mathematisches Resultat als gültig beweisen. Das ist ein beliebig kompliziertes Problem. Manche Gedankenketten sind einfach wie die im obigen Beispiel. Man braucht wenige Minuten, um sie zu überprüfen, und „ein bisschen Intelligenz", um sie zu finden.

Manche mathematischen Resultate (wie zum Beispiel die Theorie der Gröbner-Basen) benötigen Tausende von Einzelschritten der obigen Art, um sie zu beweisen (oder zu widerlegen), und das Finden der entsprechenden Gedankenketten kann viele Jahrzehnte ein offenes Problem darstellen. Es gelingt meist nur, wenn man ganze „Gebäude" von übereinanderliegenden Theorien aufbaut, wo jeder „Stock" in der Theorie für sich relativ zum darunterliegenden Stock mit relativ wenigen Schritten errichtet werden kann und der unterste Stock die Dinge enthält, die man schon weiß.

All das spielt sich ausschließlich im Rahmen gedachter, gesprochener, geschriebener oder – heute – gespeicherter Sprache ab. Dabei liegen in der Mathematik immer zwei Sprachschichten übereinander: die Sprachschicht, in welcher man über die Gegenstände der Betrachtung spricht (zum Beispiel über geometrische Gebilde, Zahlen, Codierungen, Funktionen etc.), und die Sprachschicht, in welcher abgeklärt wird, was man als korrekte Beweisschritte zulässt.

Mathematik ist also höchste Sprachpräzision und es ist ein Paradoxon, dass gerade die Sprache der Mathematik als unverständlich gilt und die Mathematiker als die Unverständlichen.

Das hat zwei Gründe:

- © Erstens, dass es eine gewisse Sprachökonomie braucht, um so komplexe Gedankenketten, wie sie für nicht triviale Resultate der Mathematik notwendig sind, in kompakter Form vermitteln zu können. Dazu werden kompakte Notationen erfunden, die man nur verstehen kann, wenn man sich die Notationen einverleibt. Für jemanden, der „von außen" sozusagen zufällig auf eine Aussage in so einer Notation (eine „Formel") trifft, ohne durch die (Schichten von) Notationen durchzugehen, sind diese mathematischen Formeln notgedrungen unverständlich. Das gilt im Prinzip für alle Fachsprachen, wie zum Beispiel die der chemischen Formeln oder die der Musiknoten. Die Sprache der Mathematik ist allerdings die von außen am schwierigsten zu verstehende, weil sie sich auch mit Dingen befassen muss, die nicht aus unserer Anschauung (wie die Atomstruktur von Molekülen oder die Töne auf den Saiten einer Gitarre) stammen.

© Der zweite Grund ist wirklich ärgerlich: Viele Mathematiker verlernen es oder lernen es nie bewusst, die mathematischen Ergebnisse in der Sprache des jeweiligen Adressaten zu vermitteln. Im Prinzip ist es möglich, die Ergebnisse der Mathematik in jeder beliebigen Sprache zu präsentieren. Umgekehrt sollte ein Mathematiker in der Lage sein, Probleme, die in der Sprache des jeweiligen „Kunden", „Anwenders" oder „Fachmanns" beschrieben werden, zunächst in dieser Sprache zu diskutieren, dann in die kompakte Sprache der Mathematik zu übersetzen, dort mit den präzisen Denkwerkzeugen der Mathematik zu behandeln und zu lösen, und dann wieder in die Sprache des Anwenders zurück zu übersetzen.

Ich bedauere dieses Kommunikationsdefizit vieler Mathematiker zutiefst. Es ist auch mitverantwortlich, dass die Mathematik in der heutigen Gesellschaft marginalisiert wird: Diese „Abgehobenheit" (Abstraktheit) der mathematischen Sprache, wie sie mathematikintern gesprochen wird, ist mitverantwortlich, dass die Gesellschaft, die heute mehr denn je auf mathematischem Untergrund steht, die Mathematik für weltfern hält und sich damit den Ast, auf dem sie sitzt, absägt.

Viele haben den Eindruck, dass Mathematik das Synonym für „unverständlich" ist. Sie meinen dagegen, dass Mathematik „die Kunst des Erklärens" ist?

Höchste Sprach- und Denkkultur, die unabhängig von gewissen Notationen die Grundlage der Mathematik bildet, ist schon in geringer Dosis ein gewaltiger praktischer Gewinn für alle Belange der Gesellschaft: sei es Wirtschaft, Verwaltung, Recht, Politik oder demokratische Willensbildung. Deshalb halte ich die Rolle der Mathematik als „Kunst des Erklärens" für noch viel wichtiger für die heutige Gesellschaft als ihre Rolle als Basis für alle Wissenschaften, alle Technologien und die daraus entstehende moderne Wirtschaft.

Die „Kunst des Erklärens" ist auch die Kunst, die durch den Mathematikunterricht in den Schulen vermittelt werden soll. Leider sind wir davon in der Praxis des Schulunterrichts sehr weit entfernt – auch aus Schuld der Mathematiker, die oft gewisses mathematisches „Wissen" anstatt die allgemein anwendbare Denk-, Sprach- und Erklärungstechnologie der Mathematik in den Vordergrund stellen.

In meinen langen Jahren als Leiter des Softwareparks Hagenberg habe ich unzählige Delegationen und Einzelpersonen aus Politik, Wirtschaft, Wissenschaft, Verwaltung etc. durch den Softwarepark geführt. Da war es bei vielen Besuchern Standard, dass sie sich gleich am Anfang entschuldigt haben, in der Art: „Ich war ja leider in der Schule in Mathematik gar nicht gut, aber was Sie hier machen, interessiert mich sehr", oder: „... aber Sie sehen, es ist trotzdem etwas aus mir geworden", oder: „... aber ich bin halt mehr für die Anwendung als für die Theorie."

Meine Antwort war immer: „Es freut mich umso mehr, dass Sie sich dafür interessieren, was wir hier machen ..." oder Ähnliches. Das war höflich. Denn wenn man Mathematik als allgemeine „Kunst des klaren Denkens und Sprechens" verstehen und auch so unterrichten würde, ist es lebensbedrohend, wenn ein Arzt sich brüstet, schlecht in Mathematik zu sein. Es ist gesellschaftsbedrohend, wenn ein Politiker gesteht, nichts mit Mathematik am Hut zu haben. Es ist ein Armutszeugnis für unsere Präsentation der Mathematik, wenn ein Journalist erklärt, dass er sein Informatikstudium abgebrochen habe, weil er lieber etwas „Kreatives" machen wollte. Und wenn ein Manager kein „Mathematiker" ist, braucht man sich nicht wundern, dass die Dinge passieren, unter denen heute nicht nur einzelne Betriebe, sondern ganze Wirtschaften leiden: nicht weil ein bisschen Mathematik in den Bilanzen ist, sondern weil Firmen komplexe Gebilde sind, bei denen es darauf ankommt, in scheinbar Unstrukturiertes eine Struktur hineinzusehen und die Kraft zu besitzen, die wesentlichen Schrauben im Gefüge zu erkennen.

Umgekehrt ist es beschämend, wenn jemand erklärt, Mathematik studiert zu haben, weil er „schlecht in Sprachen" sei. Das geht nicht zusammen. Mathematik ist (Teil der) Sprache. Und „ich weiß es, aber ich kann es nicht ausdrücken", ist nicht Zeichen von Intelligenz (weil man so komplizierte Dinge denken kann, dass man sie nicht ausdrücken kann), sondern von Un-Intelligenz, im Sinn des „Nicht-dazwischen-schauen"-Könnens (von lat. „inter-legere", dazwischenlesen) oder noch nicht völliger Klarheit.

In der Tat waren einige meiner besten Studenten Absolventen von humanistischen Gymnasien, in denen ja auf Sprachen (alte und neue) besonderer Wert gelegt wird. Guter Sprachunterricht bedeutet auch Durchdringen von Sprachstruktur und, wenn möglich, vergleichendes Durchdringen der Strukturen verschiedenster Sprachen.

Auf die Ausgangsfrage zurückkommend: Ja, ich betrachte die Mathematik als eine ganz wesentliche Komponente meiner sprachlichen Bildung. Natürlich nicht als alleiniger Aspekt von Sprache, aber besonders wertvoller und unverzichtbarer Teil des Spannungsbogens von Sprache von extrem emotional und künstlerisch bis extrem intellektuell.

Dementsprechend habe ich mich 2013 entschlossen, ein fachübergreifendes Seminar namens „Die Kunst des Erklärens" für jedermann, insbesondere Manager, Lehrer, Politiker, Entscheidungsträger etc., anzubieten. Es ist eine konzentrierte Schulung, die ich seit vielen Jahren für meine internationalen Graduate Students anbiete. Es finden sich darin keine Formeln und keine mathematischen Inhalte, aber die praktische Kraft des klaren Denkens und Sprechens, die man in der Mathematik lernen kann. Die Motivation für dieses Seminar habe ich daraus erhalten, dass ich schon über Jahre beobachte, wie in der Wirtschaft und Politik, aber auch in der Wissenschaft viel Zeit und Geld dadurch vernichtet werden, dass sich die Leute nicht klar ausdrücken können und nicht in der Lage sind, in einem gepflegten und zielgerichteten Gespräch komplexe Strukturen auseinanderzunehmen und Begriffe, Probleme, Wissen, Methoden, Argumente zu „er-klären".

DER SOFTWAREPARK HAGENBERG
MEIN GESCHENK AN ÖSTERREICH

Grundlagenforschung in einem Umfeld internationaler Konkurrenz braucht vollen Einsatz. Wie sind Sie dazu gekommen, den Softwarepark Hagenberg zu gründen und damit Ihr Leben als internationaler Forscher zu „belasten"?

Ja, die Gründung und der Aufbau des Softwareparks Hagenberg waren eine große Belastung, die mir mein Leben als Wissenschaftler sehr schwer gemacht hat. Es gibt eigentlich nur einen Grund, warum ich mir das angetan habe, und das ist – auch wenn es für viele vielleicht altmodisch klingen mag – meine Liebe zu meiner Heimat Österreich.

Als mich der damalige Landeshauptmann von Oberösterreich, Dr. Josef Ratzenböck, 1987 gebeten hat, „mir etwas einfallen zu lassen", um für die wirtschaftlich benachteiligte Region rund um Hagenberg im Mühlviertel ausgehend von meinem Forschungsinstitut RISC einen Wirtschaftsimpuls zu generieren, hatte ich das Gefühl, dass ich hier in einem konkreten Fall einen wesentlichen Beitrag zur Zukunftsentwicklung Österreichs setzen könnte und sollte. Ich habe ihm deshalb spontan zugesagt, „mir etwas einfallen zu lassen", und habe dann innerhalb von drei Wochen das Konzept des „Softwareparks Hagenberg" entwickelt und zu Papier gebracht.

Ich wollte damit einerseits zeigen, dass eine Universität – insbesondere eine „Landesuniversität", in welcher auch sehr viele Mittel der Region stecken – in der heutigen Zeit auch konkret zur Zukunftsentwicklung der Region beitragen sollte. Andererseits wollte ich demonstrieren, dass ausgehend von extremer Grundlagenforschung (insbesondere im Bereich der Mathematik inklusive Software an meinem Forschungsinstitut RISC) der Bogen zum wirtschaftlichen Erfolg gespannt werden kann; und zwar aufgrund der Verankerung in der Grundlagenforschung mit internationaler Konkurrenzfähigkeit und Reputation mit besonderer Dynamik und Potenz.

Dieser Gedanke war damals nicht selbstverständlich. Heute ist es eine offizielle Zukunftsstrategie der EU, die um das Jahr 2008 begonnen hat, die Gemeinschaft auf die vollständige „Innovation Chain" einzuschwören. Das heißt, es soll ausgehend von der Grundlagenforschung die gesamte Kette über die angewandte Forschung und Technologieentwicklung bis zur Innovation in der Wirtschaft realisiert werden, um gegenüber den anderen großen Wirtschaftsregionen, insbesondere den USA, nicht den Anschluss zu verlieren bzw. sich wieder vorzusetzen. Ich habe diesen Gedanken immer mit einer Spirale dargestellt,

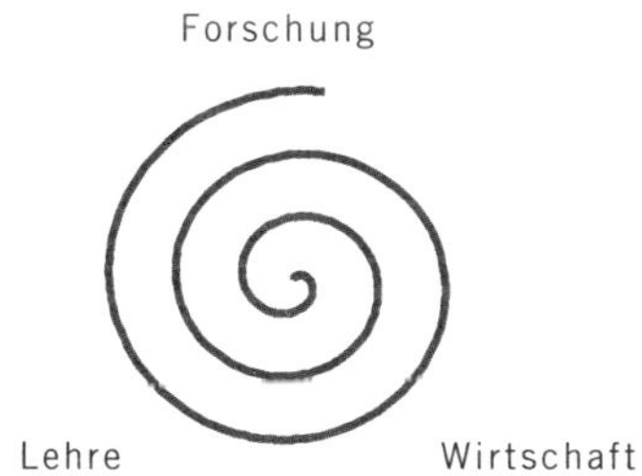

wobei bei den drei Aspekten Forschung, Lehre und Wirtschaft alle Ebenen realisiert werden müssen:

- Im Bereich der Forschung: alle Ebenen von der Grundlagenforschung bis zur angewandten Forschung und nahtlos zur Produktentwicklung hin.
- Im Bereich der akademischen Lehre: von der Postdoc-Ausbildung über das Doktorat (PhD), den Master und Bachelor bis hin zur Ausbildung in den Schulen.

- Im Bereich der Wirtschaft: alle Aspekte von der Entwicklung bis zum Markt und zurück, von den Multis über die kleinen und mittleren Unternehmen bis zu den Start-ups und zurück.

Für den Softwarepark habe ich mir das Ziel gesetzt, die drei Aspekte auf allen Ebenen „unter einem Dach" (räumlich, organisatorisch und konzeptionell) zu realisieren. Auch wenn der Gedanke heute selbstverständlich ist, gibt es auch noch heute nur wenige Orte, wo dies wirklich gelungen ist. So gibt es sehr gute Universitäten, wo aber kaum eine Möglichkeit besteht, die Gründerszene einzubinden oder Betriebe in der Nachbarschaft anzusiedeln. Die Fachhochschulen befinden sich wieder auf einem anderen Campus als die Universität. Oder es gibt an gewissen Orten sehr gute Fachhochschulen, die keine oder nur wenig Forschung machen. Oder es gibt Innovationszentren, wo zwar Firmen zusammen agieren, aber keine Forschung und keine Lehre integriert sind.

Ich nehme also für mich in Anspruch, mit dem Konzept der damaligen Zeit sehr weit voraus gewesen zu sein. Auch heute noch ist der Softwarepark Hagenberg bezüglich der Integration von Forschung, Lehre und Wirtschaft unter einem Dach vorne. Natürlich bemühen sich viele, diese Integration zu schaffen: Als ich im Herbst 2012 das „Global Network of Softwareparks" initiierte, gab es weltweit schon circa 100 Technologieparks mit „Software" im Namen oder im Fokus.

Mit dem Konzept allein war es aber natürlich nicht getan. Ein Konzept muss in der täglichen Kleinarbeit umgesetzt werden. Es ist wie eine mathematische Vermutung: Sie ist für sich vielleicht ein kreativer Wurf, aber der Wert kommt erst durch den gelungenen Beweis. Und der kann sehr hart sein! Ich hatte damals zugesagt, auch die Umsetzung des Softwareparks in die Hand zu nehmen, um der Region und auch dem Land Oberösterreich, wohl auch meiner Universität, einen Dienst zu erweisen. Allerdings hatte ich nicht geplant, dafür 25 Jahre meines Lebens einzusetzen, zum Teil mit starken Nachteilen für meine wissenschaftliche Karriere.

Ich dachte, dass das Schifflein nach ein paar Jahren auf Kurs sein würde und ein „Selbstläufer" wird. Das war nur bedingt der Fall: Zum Beispiel war meine Gründung der Fachhochschule eine Aktion, die genau in die Zeit passte und so viel Unterstützung durch die Politik erhielt (sowohl seitens des Bundes als auch des Landes Oberösterreich), dass die FH in Hagenberg in kurzer Zeit gewaltig expandierte und bis zu einem gewissen Grad ein Selbstläufer wurde. Es bestand sogar die Gefahr, dass sie als Teil des Softwareparks mit dem Softwarepark als Ganzes verwechselt würde und die anderen zwei Bereiche (Forschung und Wirtschaft) von der FH in der Öffentlichkeit dominiert würden. Deshalb musste ich nach Hinwendung an die Chance FH wieder eine Phase der besonderen Betonung der Forschung und der Wirtschaft im Softwarepark einläuten. Das meiste im Softwarepark war und ist kein Selbstläufer, sondern eine ständige Anstrengung, immer wieder neue Facetten zu erfinden, auf Schiene zu bringen, zu entwickeln – und natürlich auch allenfalls ruhen zu lassen und durch Besseres und Erfolgreicheres zu ersetzen. Das hat 25 Jahre einen guten Teil meiner Zeit verbraucht.

Wie dem auch sei: Ich bin 1989 mit meinem RISC-Institut ins Schloss Hagenberg gezogen, nachdem es mit Landesmitteln auf Antrag von Landeshauptmann Ratzenböck für die Zwecke des RISC renoviert worden war. Wir waren damals 25 Leute, nur fünf davon als Teil meines Lehrstuhls vom Staat finanziert. Die Übrigen wurden aus Drittmitteln bezahlt, die ich selbst lukriert hatte. Seit 1982, als ich an meinem Lehrstuhl das englischsprachige Doktoratsstudium „Symbolic Computation" eingeführt hatte, habe ich größten Wert darauf gelegt,

Doktoratsstudenten aus der ganzen Welt zum Studium ans RISC einzuladen. Die meisten der 25 Mitarbeiter, mit denen ich ins Schloss Hagenberg gezogen bin, waren deshalb ausländische Doktoratsstudenten und Postdocs, aber auch ein harter Kern von Österreichern, von denen einige all die Jahre dem RISC treu geblieben sind.

Nach 25 Jahren arbeiteten und studierten 2013 insgesamt 2500 Leute im Softwarepark, davon circa 1000 Mitarbeiter in Forschung, Lehre und bei den Firmen sowie circa 1500 Studenten, die meisten davon an der Fachhochschule Hagenberg. Es gibt inzwischen außer dem RISC noch elf weitere Forschungsinstitutionen (die meisten mit der Johannes Kepler Universität[1] oder der Fachhochschule verbunden), insgesamt circa 20 Studiengänge (der JKU und der FH) im Softwarepark und circa 60 Firmen, davon rund ein Drittel Firmen, die durch Absolventen gegründet wurden. Die Gemeinde Hagenberg nimmt jährlich durch den Softwarepark circa eine Million Euro an Kommunalsteuer ein und insgesamt stecken inzwischen circa 120 Millionen Euro aus privaten und öffentlichen Mitteln in der Infrastruktur des Softwareparks. Der Wirtschaftsexperte Professor Friedrich Schneider (JKU) hat einmal errechnet, dass durch Investition in ein Technologiezentrum über die Jahre circa der sechsfache Betrag über Primär- und Sekundäreffekte in die Region fließt. Man kann sich also in etwa vorstellen, was der Softwarepark Hagenberg für die Region bedeutet.

Die hier aufgezählten Effekte beziehen sich nur auf die Region. Einen mindestens so großen Effekt hatte der Softwarepark als Impulsgeber für viele moderne Entwicklungen im Bundesland Oberösterreich, zum Beispiel die Gründung der „Oberösterreichischen Technologie- und Marketinggesellschaft“ (TMG). Diese und das „Oberösterreichische Technologie-Netzwerk“ habe ich 1992 in einem Impulspapier für den damaligen Wirtschaftslandesrat Dr. Christoph Leitl vorgeschlagen. Den ersten halbtägigen Manager der TMG habe ich damals sogar zum Teil aus Industrieeinnahmen des RISC finanziert. Auch der Science Park der JKU, der inzwischen eines ihrer Aushängeschilder geworden ist, war indirekt durch das Vorbild des Softwareparks Hagenberg motiviert, wie der damalige Rektor Professor Rudolf Ardelt betonte. Auch die Gründung der Fachhochschule Oberösterreich als eine große FH mit vier Standorten und entsprechend vier Schwerpunkten ging damals auf eine Anregung von mir zurück.

Das heißt also: Der Effekt, den Landeshauptmann Dr. Ratzenböck damals für die Region (und Oberösterreich) gewünscht hat, ist voll eingetreten. Auch habe ich demonstriert, dass eine Universität in der heutigen Zeit auch einen verantwortlichen Beitrag zur Zukunftsentwicklung leisten kann. Letztlich habe ich durch den Softwarepark auch bewiesen, welche Kraft in der universitären Grundlagenforschung, insbesondere in der Computer-Mathematik, liegt, wie wir sie am RISC betreiben.

Mathematik: Für viele bedeutet sie eine abstrakte Welt und nicht die Knochenarbeit der wirtschaftlichen, politischen und gesellschaftlichen Realität. Welche Teile des Softwareparks Hagenberg haben Sie selbst erfunden und auf Schiene gebracht?

Mathematik ist abstrakte Knochenarbeit. Mathematik ist die Kunst des effizienten Handelns.

Deshalb ist Mathematik auch die Theorie des Managements: Wo sind die Stellschrauben in einem komplexen Gebilde, mit denen man das Gesamtbild steuern kann? Wie kann man ein komplexes Gebilde aus einer innovativen Zelle in einem Spiralprozess hoch entwickeln?

Aber man muss an den Schrauben auch drehen und diese sind manchmal schwer zu bewegen: eingerostet, verbogen, ausgeleiert oder drehen durch. Innovative Konzepte können ihre Kraft nur in der Umsetzung im

Detail erweisen. Deshalb habe ich das Konzept „Softwarepark Hagenberg“ nicht nur am intellektuellen Reißbrett entworfen, sondern auch 25 Jahre in der täglichen Beschäftigung mit den Details umgesetzt.

Es geht darum – unter Ausrichtung auf ein klares Ziel –, täglich neue Chancen und Potenziale zu nutzen, kleine und große Probleme zu lösen, konkrete Einzelfacetten des Konzepts zu erfinden und auf die Beine zu stellen, nach allen Seiten Motivation zu verbreiten, Partikularinteressen ernst zu nehmen, aber auch auszugleichen, immer neue Arten der Vernetzung zwischen den Einzelteilen anzustoßen, den Standort bekannt und attraktiv zu machen, immer neue Leute einzubinden mit ihren neuen Möglichkeiten, in ihnen auch das Verständnis für das Ganze zu wecken, u. v. m.

Zur Frage meines Anteils an der Detailarbeit für den Softwarepark: Mein Prinzip war immer „1. Erfinden, 2. auf Schiene bringen, 3. Loslassen“. Es war mir immer klar, dass ich im Wesentlichen jede neue Facette des Softwareparks selbst initiieren und bis zum eigenständigen Funktionieren führen müsste. Wenn etwas einmal funktioniert und dafür jemand mit klarer Verantwortung etabliert ist, muss man loslassen und sich mit neuen Initiativen befassen.

Die Erfindung konkreter Facetten eines Gebildes wie der Softwarepark (neue Forschungsinstitutionen, neue Lehrgänge und Studienmöglichkeiten, neue Firmen, neue Projekte, neue Veranstaltungen, aber auch eine neue Infrastruktur, neue Beziehungen, Kontakte, Kooperationen, Auftritte in der regionalen und internationalen Öffentlichkeit usw.) ist eine erfüllende, inspirierende, intellektuell und emotional erfrischende Tätigkeit, vergleichbar dem Spielen in einer Band. Der Bandname und auch ein Konzept sind zwar wichtig, aber der Genuss besteht im Einüben der einzelnen Songs allein und in der Gruppe, in den Auftritten vor Publikum, der Erweiterung des Repertoires etc.

Natürlich sind uns auch viele Dinge „in den Schoß gefallen", sobald der Softwarepark Fahrt gewonnen hatte und ein gewisser Sog entstanden war. Ich schätze, dass circa 30 der insgesamt rund 60 Firmen „von selbst", ohne mein Zutun, im Softwarepark entstanden oder dorthin gezogen sind. Aber bei circa 30 war ich, zum Teil in sehr intensiver Form (zur Bewahrung meiner „Neutralität" nie in geschäftlicher Form), als Initiator, Geburtshelfer, aber auch Wegbegleiter tätig. Das gilt auch für die Forschungsinstitute: Bei sieben davon war ich zum Teil der Antragsteller und Mittelbeschaffer oder Initiator. Die Fachhochschule Hagenberg als wichtiger Bestandteil der Potenz des Ausbildungsstandorts habe ich seinerzeit (gegen heftigen Widerstand von vielen Seiten) zunächst faktisch im Alleingang initiiert.

Bei der Formulierung und Beantragung der ersten beiden FH-Studiengänge haben mich dann schon meine JKU-Kollegen Jacak, Klement, Pomberger und Wagner tatkräftig unterstützt. Das Engagement muss in solchen Fällen oft sehr weit gehen, wenn man Dinge rasch und gegen das allgemeine Trägheitsmoment auf Schiene bringen möchte: Bei der Fachhochschule zum Beispiel habe ich am Anfang selbst noch Vorlesungen gehalten, weil um die geringen Geldmittel, die am Anfang für die Lehre zur Verfügung standen, kein Assistent bereit war, Stunden zu übernehmen. Für die Lehre habe ich aber das „International PhD Program" am RISC und später das „International Master Program Informatics" im Rahmen des Softwareparks sowie, als wichtigen Impuls für die Region, das „BORG für Kommunikation" (als Dependance des BORG Linz) initiiert. Nicht zählen kann ich meine Einsätze zur Lukrierung und zur Planung von Gebäuden im Softwarepark, für die Freizeitinfrastruktur, für Veranstaltungen und Tagungen im Softwarepark, zur Organisation verschiedener Interessenvereinigungen, für die Öffentlichkeits- und Medienarbeit etc.

Da ich über die Jahre ein flüchtiges Tagebuch geführt habe, weiß ich heute, dass ich für den Aufbau des Softwareparks im Durchschnitt 80 Arbeitsstunden pro Monat (neben meiner Tätigkeit als Professor der JKU) aufgewendet habe, bis zum Jahr 2000 ehrenamtlich, dann für eine monatliche Abgeltung. Über die Jahre gerechnet bin ich auf einen Stundenlohn vor Steuer von sieben Euro gekommen, sodass ich auch mit den Reinigungsmitarbeitern auf Augenhöhe sprechen konnte.

Wenn man innovative Strukturen realisieren will, ist ein innovatives Konzept wichtig, aber genauso die Bereitschaft, selbst bei allen Details Hand anzulegen, und genauso die Energie, ein Klima und eine Struktur zu schaffen, in welche Initiativen, die von selbst entstehen, sich ohne Bevormundung einbringen können.

Welche Rolle hat für Sie das Netzwerk der Menschen gespielt, die mit dem Softwarepark verbunden waren?

Eine Struktur wie der Softwarepark Hagenberg kann nur entstehen, wenn eine Vielzahl von Einzelpersönlichkeiten und Institutionen zusammenwirkt.

Da dieses Buch kein systematischer Report über die Geschichte des Softwareparks Hagenberg ist, ich auch immer einige wichtige Beiträge unerwähnt lassen müsste und damit vielen unrecht täte, möchte ich hier nur drei für die Entwicklung des Softwareparks besonders wesentliche Persönlichkeiten in aller Kürze würdigen:

- Dr. Christoph Leitl, damals Wirtschaftslandesrat in Oberösterreich, der aufseiten des Landes die Wichtigkeit von technologiebasierter und -orientierter Wirtschaft in aller Deutlichkeit erkannt hat und mit dem ich unbürokratisch und kreativ zusammenarbeiten durfte. Er war mein wesentlicher

Ansprechpartner beim Land für die schwierige Umsetzung des Softwareparks in den ersten zehn Jahren.

© Direktor Rudolf Fischerlehner, damals Bürgermeister von Hagenberg, der von Anfang an von der Idee des Softwareparks begeistert war und die ungemein schwierige Aufgabe gemeistert hat, ein so „außerirdisches" Gebilde wie den Softwarepark in einer ländlichen Gemeinde zu verankern.

© Dr. Ludwig Scharinger, damals Generaldirektor der Raiffeisen Landesbank Oberösterreich, der das Innovationspotenzial des Softwareparks zu einer Zeit erkannt hat, wo fast alle noch „aus der Ferne zuschauten", und der gleich am Anfang und dann immer wieder wesentliche Impulsinvestitionen in den Softwarepark getätigt hat.

Die gesamte Zeit der Entwicklung des Softwareparks war begleitet von zwei außergewöhnlichen Landeshauptleuten: Dr. Josef Ratzenböck, der mich mit visionärer Klarheit motiviert hat, den Softwarepark zu erfinden, zu initiieren und aufzubauen, und Dr. Josef Pühringer, der seit vielen Jahren seine schützende Hand über „den Zukunftsort" Hagenberg hält.

Ganz besonders hervorheben möchte ich meine langjährigen JKU-Kollegen, die Professoren Witold Jacak, Peter Klement, Peter Paule, Gustav Pomberger und Roland Wagner, die über viele Jahre in einer völlig unbürokratischen kollegialen Gemeinschaft (der „Hagenberger Viererbande", manchmal mit mehr als vier Mitgliedern) mit mir alle Entwicklungen im Softwarepark mitgetragen, mitgestaltet und auch durch schwierigste Phasen ohne Wenn und Aber weiter- und zum Erfolg geführt haben.

Eine ganz besondere Bedeutung hatte für mich der Direktor der Raiffeisenbank in Hagenberg, Josef Leitner, dessen Wertschätzung und spätere Freundschaft für mich der wichtigste Anker in Hagenberg wurde.

Zur Umsetzung einer Vision gehört auch der Umgang mit Bremsmanövern, Unverständnis, Neid, Zaghaftigkeit, Kleinmut, mangelnder Vorstellungskraft, dem Hickhack zwischen konträren Gruppierungen, Auseinandersetzungen im Unter- und Hintergrund etc. Ich habe weder Lust noch Zeit, darauf konkret einzugehen. Eines ist allerdings klar: Der Softwarepark könnte sowohl äußerlich als auch inhaltlich noch eine sehr viel größere Dimension haben, wenn gewisse Leute in den verschiedenen Institutionen die großen Zusammenhänge besser in den Vordergrund ihres Tuns oder Nichttuns stellen würden.

Anmerkung

1 JKU: Johannes Kepler Universität Linz

DIE UNIVERSITÄT
QUELLE DER INNOVATION

Die Universität, ein Elfenbeinturm? Wie schwierig war es, bei Ihrer eigenen Universität Verständnis für Ihre Arbeit zum Aufbau eines Technologieparks zu wecken?

Dinge wie der Softwarepark passen natürlich schwer in etablierte Strukturen, die ja wichtige Aufgaben in einem durchstrukturierten und damit notgedrungen etwas bürokratischen Stil verfolgen müssen.

Im Rahmen der Johannes Kepler Universität, der ich mit Stolz angehöre, habe ich einige sehr engagierte Kollegen gefunden (die erwähnte „Viererbande"), die mit größter Begeisterung mit mir zusammen all die Jahre den Softwarepark aufgebaut haben. Der JKU als Institution hat der Softwarepark im Öffentlichkeitsbild im In- und Ausland sehr geholfen und deshalb wurde der Softwarepark bei offiziellen Anlässen seitens der JKU auch gerne erwähnt. In den Routineplänen der JKU konnte ein Gebilde wie der Softwarepark aber keine Rolle spielen, er wurde weder besonders gefördert noch behindert.

Besondere Rektoren, wie Professor Rudolf Ardelt, haben aber die innovative Bedeutung des Softwareparks für die Universität als Ganzes sehr wohl erkannt. Insbesondere hat Ardelt auch oft betont, dass ihm die Idee für den „JKU Science Park", der inzwischen direkt angrenzend an den JKU Campus in Linz-Auhof in kürzester Zeit aus dem Boden gestampft wurde, vom Modell Softwarepark gekommen ist. Diese indirekte Wirkung des Softwareparks auf die innovative Weiterentwicklung unserer Uni und diese Anerkennung der Rolle des Softwareparks hat mich sehr gefreut.

Diese Entwicklung entbehrt aber nicht einer gewissen Ironie, denn ursprünglich (1985) wollte ich mein Forschungsinstitut RISC direkt neben der JKU einrichten und hatte dafür auch schon die nötigen Drittmittel beisammen. Dieser Plan wurde aber damals wegen der Widmung des Geländes als Agrarland abgelehnt und so bin ich dann auf Einladung des damaligen Landeshauptmanns Dr. Ratzenböck in das von ihm renovierte Schloss Hagenberg gezogen. Zwanzig Jahre später wurde dann genau dort neben der JKU der Science Park errichtet.

Der Anfang des Softwareparks war Ihr Forschungsinstitut RISC. Wann sind die ersten Firmen gekommen? Hatten Sie Berührungsängste zur Wirtschaft?

Im RISC war die Struktur des Softwareparks schon angelegt. Und die wesentlichen Aspekte des RISC – wenn ich es heute bedenke – hatte ich implizit als Doktoratsstudent in Innsbruck unbewusst aufgesogen.

Als ich 1974 an die Johannes Kepler Universität in Linz berufen wurde, war der Aufbau des jungen Fachs Informatik in interdisziplinärer Verbindung zu allen anderen Fächern, insbesondere auch der Wirtschaft, ein wichtiges Innovationsziel. Auch ging es damals (und noch viel mehr heute) darum, die enge Verbindung zwischen Mathematik und Informatik zu realisieren. Beide Fächer waren an der JKU gerade eingerichtet worden und man wollte eine Professur etablieren, die in gewisser Weise in beiden Fächern zu Hause war. Das war ein großes Glück für mich, denn es gab damals kaum Mathematiker, die wirklich mit dem Computer „auf Du und Du“ waren, und noch weniger Informatiker, die die mathematischen (und logischen) Grundlagen der „Computerei“ wirklich durchdrungen hatten beziehungsweise durchdringen wollten. So wurde ich mit 31 Jahren berufen und das war eine große Herausforderung für mich. Mathematik, „Computerei“ (Computer Science, Informatik) und Logik waren für mich seit meinem Studium, meiner Dissertation, meiner Arbeit als Programmierer, Assistent und später Dozent an der Universität Innsbruck immer „eins“ und sind durch alle Lebensphasen immer „eins“ geblieben beziehungsweise immer noch mehr eins geworden. Heute sieht man am Horizont, wie diese drei Aspekte in Zukunft wieder – und mit großem Potenzial – zusammenwachsen werden. In den Jahren dazwischen war die Luft für Leute wie mich sehr dünn. Das Verständnis für die Wichtigkeit der Einheit zwischen Mathematik, Logik und Informatik war sowohl im Mainstream der Mathematik als auch im Mainstream der Informatik eher bescheiden. Wenn beim letzten „Internationalen Mathematikerkongress“ (2014 in Seoul) eine Initiative gesetzt wurde, die „Digitalization of Pure Mathematics“ voranzutreiben, dann ist das ein Fanal für die Zukunft der Mathematik im 21. Jahrhundert. Ich bin beglückt und stolz, dass ich in Seoul in das Gremium (von acht Mathematikern) gewählt wurde, das eine Art „Magna Charta“ für dieses globale Projekt entwerfen soll, und dass ich innerhalb dieses Gremiums der Erste bin, der einen konkreten Versuch macht, ein Projekt in dieser Richtung bei der EU zu etablieren.

Meine Professur an der JKU zwischen Mathematik und Informatik war also eine völlig natürliche Fortsetzung meiner Sicht und meiner Qualifikation, die ich ohne Unterbrechung seit meinem Studium für mich entwickelt hatte.

Dazu kam, dass ich als Werkstudent in Innsbruck und später als Assistent am dortigen Institut für Informatik intensive Erfahrung gesammelt hatte, für eine große Palette von Anwendungen Lösungen zu entwickeln und am Computer zu implementieren. Was ich damals gelernt hatte in dieser Doppelbelastung zwischen Wissenschaft und Anwendung (unter der ich zeitweise sehr gelitten habe), hat sich für mein späteres Leben als entscheidend herausgestellt: Ich habe zunächst in meiner eigenen Arbeitsgruppe (aus der das spätere „RISC" hervorging) eine eigene Schiene aufgebaut, die praktische Projekte mit oberösterreichischen Firmen abwickelte. Ich hatte also an meinem Institut das Dreieck „Forschung – Ausbildung – Anwendung" schon lange realisiert und intensiv ausprobiert, bevor ich mit RISC nach Hagenberg ging und dort auf Bitte des Landeshauptmanns Dr. Ratzenböck den Softwarepark konzipierte, initiierte und realisierte.

Ich hatte absolut keine Berührungsängste mit der Wirtschaft, und sobald ich mir das Ziel gesetzt hatte, durch den Softwarepark hoch qualifizierte Arbeitsplätze in der IT-Wirtschaft zu schaffen, stürzte ich mich mit Feuereifer in die Akquise von Firmen, die sich mit mir auf das „Abenteuer Hagenberg" einlassen wollten. Die erste Firma (Olivetti) hatte ich schon nach drei Wochen davon überzeugt, dass sie im Rahmen des zukünftigen Softwareparks die besten Entwicklungschancen in Oberösterreich haben würde, und die nächsten (zum Beispiel Oracle) folgten bald, obwohl damals als Gebäude nur der – noch nicht renovierte – Vierkanter eines Mühlviertler Gutsbesitzers zur Verfügung stand. Ich werde nie das unbeschreibliche Gefühl vergessen, als im Hof, aus dem gerade die Pferde ausgezogen waren, abends in den Fenstern die Lichter der ersten Firmen brannten!

Nach zehn Jahren waren trotz einiger Rückschläge – von denen einige vermeidbar gewesen wären – circa 500 Leute im Softwarepark beschäftigt. Heute sind es über tausend (mit den Studenten 2500). Im Rückblick habe ich dazu mit circa 350 Firmen Verhandlungen geführt und gemeinsam für Firmenansiedlungen, Firmengründungen, kooperative Projekte zwischen Forschung und Wirtschaft, Lukrierung von Fördermitteln,

Durchführung kooperativer Veranstaltungen, Aufbau von Infrastruktur etc. gearbeitet.

Also, selbst wenn ich am Anfang Berührungsängste mit der Wirtschaft gehabt hätte, wären sie mir bald vergangen, denn der Umgang mit unterschiedlichen Firmen war 25 Jahre mein „täglich Brot“ und ich habe dabei sehr viel gelernt. Das gleichzeitige Leben in den zwei Welten „Wissenschaft“ und „Wirtschaft“ betrachte ich als eine erfrischende „Hirnmassage“, die ich allen kreativen Köpfen wärmstens empfehlen kann. Denn die beiden Welten sind notwendigerweise grundverschieden in ihrer Zielsetzung (systematischer Aufbau von Wissen versus Problemlösung) und in ihrem Stil. Innovation hat die größte Chance, wenn man in beiden Welten lebt oder wenigstens in beiden Welten denken und agieren kann.

Ihr Softwarepark wird inzwischen sowohl in Österreich als auch im Ausland als Erfolgsmodell betrachtet. Ist dieser Zugang der Wissenschaft zur Wirtschaft heute in Österreich etabliert?

Ich glaube, dass es heute für die meisten Universitäten und Forschungseinrichtungen selbstverständlich ist, dass man sich für die Wirtschaft, die Anwendung, die Gesellschaft öffnen muss und man hier sowohl in der Forschung als auch in der Ausbildung eine hohe Verantwortung trägt. Aber nicht alle akademischen Einrichtungen schaffen diesen Brückenschlag.

Die Art und Weise, wie die Interaktion organisatorisch passiert, kann sehr unterschiedlich sein. Vom Softwarepark kann man sehr viel lernen: im Guten wie im Schlechten. Heute sehe ich es so, dass die unmittelbare – geistige oder räumliche – Nähe und Durchdringung von Forschung, Ausbildung und Wirtschaft eine selbstverständliche Übung sein sollte – sowohl für die

Forschungs- und Bildungseinrichtungen als auch für die Wirtschaft.

Aber das ist heute viel zu wenig. Ein vierter Aspekt muss zu den drei Säulen „Forschung – Ausbildung – Wirtschaft" dazukommen und das ist „Lifestyle". Das heißt, wir müssen einen großen Schritt weitergehen und nicht „Technologieparks" (im Sinne von räumlich definierten und abgeschlossenen Arealen) schaffen, sondern „Innovationsszenen" in den besten (urbanen) Regionen, wo ein attraktiver Lebensstil herrscht, und dort in den bestehenden Strukturen Möglichkeiten für Forschung, Ausbildung und Wirtschaft schaffen, sodass sich Wissenschaft, Technologie und Wirtschaft und „Lifestyle" gegenseitig durchdringen.

Ein reines Kopieren des „Erfolgsmodells" Hagenberg ist kein Zukunftsmodell für aufstrebende Regionen. Nur eine bewusste Weiterentwicklung des Gedankens des Softwareparks ist zukunftsversprechend. Insbesondere müssen zukünftige Szenen ganz zentral den Aspekt der Internationalität integrieren. In Zusammenfassung meiner Erfahrung mit dem Softwarepark denke ich, dass das Hauptkriterium für die Zukunftsstärke von Regionen sein wird, wie viel Attraktivität sie für die internationale Jugend entwickeln können.

Auch für den Softwarepark ist dies das Hauptkriterium für seine Zukunftschancen. Ob die Kräfte, die heute hinter, vor, neben ... dem Softwarepark Hagenberg stehen oder nicht stehen, diese Linie verfolgen, muss dahingestellt bleiben. Ich arbeite im Hintergrund daran, dass diese Grundidee bei den entscheidenden Leuten Fuß fasst.

Mit der Wirtschaft kommt Geld an die Universität. Nimmt sie damit Einfluss? Warum gibt es in diesem Bereich so viele Berührungsängste und so wenig Erfolg?

Provokant gesagt: Wenn in Österreich einmal so viel Geld seitens der Wirtschaft in die Universität und die anderen akademischen Forschungs- und Bildungseinrichtungen flösse, dass wir Angst um die Unabhängigkeit haben müssten, dann wäre das ein entscheidender Schritt nach vorne.

Die geistige Freiheit der akademischen Forschung und das Prinzip der „straffreien Kritik" (realisiert durch das „Anonymous-peer-reviewing"-System in der heutigen Wissenschaft) ist vielleicht das Intelligenteste und Wertvollste, was die europäische Geschichte hervorgebracht hat.[1] Dieser Wert ist unantastbar und der wichtigste Zukunftsgarant. Er muss von allen, die das Glück haben, an akademischen Einrichtungen arbeiten zu können, auch von diesen selbst verteidigt und weiterentwickelt werden. Aber diese geistige Freiheit hängt nur zu einem geringen Teil damit zusammen, welche Forschungsgelder von wem an die Universitäten fließen. Was an gefährlichen Unwahrheiten durch „Forschung" produziert wird, die von einseitigen Interessenvertretern finanziert wird, passiert unabhängig davon, ob Geld aus der Wirtschaft an die Universität fließt oder nicht.

Ein aktuelles Beispiel ist die jüngste industrielle Forschung, die die Verwendung des Herbizids Glyphosat als für den Menschen unbedenklich deklariert, weil der Pathway, auf den Glyphosat wirkt, nur beim Unkraut, aber nicht im menschlichen Metabolismus vorkommt. Hier wird einfach „weggelassen", dass dieser Pathway sehr wohl bei den für unsere Verdauung unersetzlichen Mikroben in der Darmflora eine Rolle spielt. Wenn aber die Darmflora signifikant geändert wird, ist die über Jahrmillionen eingespielte menschliche Verdauungskette empfindlich gestört! Die Auswirkungen in den nächsten Jahrzehnten kann niemand abschätzen beziehungsweise sieht man sie in den jüngsten Statistiken über den Anstieg aller Krankheiten, die mit der Ansammlung von

Verdauungsschlacken zu tun haben, wie Alzheimer, die meisten Krebsarten, Diabetes ...

Lassen Sie uns zuerst einmal schauen, dass in Österreich ein intensiver Mittelfluss im Bereich akademisch/industrieller Forschung – und genauso in Bezug auf Studiengebühren – in Bewegung kommt. Dann müssen die Universitäten als Ganzes und insbesondere die Professoren Verantwortungsgefühl und Entscheidungsstärke genug haben, dass dadurch nicht das Prinzip der geistigen Freiheit, der Meinungsvielfalt, verletzt wird.

Viele machen sich in Österreich gewaltige Illusionen: Wenn Firmen überhaupt Geld ausgeben für kooperative Forschung mit akademischen Institutionen, betrifft das kaum jemals die Grundlagenforschung. Das ist aus Sicht der Firmen völlig verständlich: Bis aus Grundlagenforschung, selbst wenn sie durch Anwendungen stimuliert wurde, ein Businesserfolg entsteht, vergehen oft Jahre, wenn sich überhaupt jemals ein solcher einstellt. Firmen, vor allem die kleinen und mittelgroßen, können sich das auf keinen Fall leisten. Die Grundlagenforschung ist aber das, was Universitäten zu Universitäten macht. Hier spielt die staatliche Finanzierung die entscheidende Rolle. Was an Forschungsgeldern aus der Wirtschaft in angewandte Projekte fließt, betrifft den universitären Kernbereich kaum. Wohl aber sollte sich die Universität hier sehr wohl auch für die „kleinen Innovationen" der kleinen und mittleren Firmen engagieren, weil hier sehr viel Positives für das Land entstehen kann. Und auch, weil dadurch sehr viele Studierende schrittweise lernen können, in den beiden Welten „Forschung" und „Anwendung" zugleich zu leben und dadurch ihren Verstand, ihre Sprache und ihre Tatkraft zu schärfen.

Es geht in Österreich zunächst einmal darum, überhaupt größere Mittel für Forschung und Ausbildung in einer gemeinsamen Bewegung zwischen Staat und Wirtschaft in Gang zu setzen, und dann darum, die Professoren in die Pflicht zu nehmen, das europäische Ideal geistiger Freiheit, straffreier Kritik, Vielfalt der Meinungen auch im Umfeld wirtschaftlicher Interessen hochzuhalten, zu garantieren und an die nächste Generation weiterzugeben. Das kann man nicht durch komplizierte Regeln, Verbote und Ängste erreichen, sondern durch Hochhalten und Weiterentwicklung des europäischen Bildungsideals. Hier sehe ich allerdings einen großen Bedarf: Unter dem Druck des vermeintlich exponentiell anwachsenden Wissens nehmen sich viele Professoren nicht mehr die Zeit, ihren Studenten (auch jenen in den Anfangssemestern) gründlich zu vermitteln, was der geistige Inhalt der Institution Universität ist, der heute wichtiger, zeitgemäßer und zukunftsrelevanter ist denn je.

Umgekehrt ersticken manche Universitäten[2] in Bürokratie, mit der das aufkeimende Pflänzchen des „Drittmittelbereichs" in einem Wust von Vorschriften und Formularen von immer mehr „Verwaltungshäuptlingen" am Wachsen gehindert wird, sodass den „Drittmittelindianern" immer mehr die Lust an der zusätzlichen Anstrengung vergeht.

Im Softwarepark Hagenberg stecken circa 120 Millionen Euro Investition allein in der Infrastruktur. Wie hangen Geld und Ideen zusammen?

In Österreich gibt es im Prinzip genug Geld. Wenn wir an die Spitze wollen, ist nur die Frage, wie und wo das Geld eingesetzt wird und ob wir genug Biss für die Innovation in Wissenschaft, Technologie und Wirtschaft haben.

Ich bin nicht so vermessen zu glauben, dass der Softwarepark international eine Spitzenposition unter den Technologiezentren einnimmt. (Wohl aber erlaube ich mir, dies vom Gründerinstitut RISC zu behaupten.) Für eine internationale Spitzenposition ist der Softwarepark viel zu klein und das Umfeld viel zu schwierig.

Aber eines konnte ich mit dem Softwarepark demonstrieren: Wenn man will und die Grundlagenforschung spitze ist, dann kann man auch unter schwierigsten Bedingungen (wie hier in einer ländlichen Gegend weitab „vom Schuss") die positive Spirale „Forschung → Technologie → Wirtschaft → Wohlfahrt → Forschung ..." in Bewegung setzen, beziehungsweise verkürzt die Spirale zwischen Spitzenforschung und Geldfluss. Spitzenforschung lockt Geld an, wenn man die Bewegung hin zu Anwendungen, Projekten, Firmen, Start-ups etc. bewusst initiiert und jeden Tag neu mit Elan weiter zum Schwingen bringt. Umgekehrt ermöglicht Geld Spitzenforschung durch mehr junge Talente, Halten von Spitzenforschern, Forschungsprojekte, Beteiligung an internationalen Großprojekten etc.

Die Spirale zwischen Forschung und Geld ist nach oben offen. Es ist nur eine Sache der Einstellung und des bewussten Impetus. Auch im jetzigen Stadium des Softwareparks ist noch Potenzial nach oben vorhanden. Ich fordere durchaus ganz persönlich von den heute für den Softwarepark Verantwortlichen an der Johannes Kepler Universität, dem Land Oberösterreich, der Gemeinde Hagenberg, der Fachhochschule Oberösterreich, den Firmen im Softwarepark, den Investoren in die Infrastruktur in Hagenberg ein, die Spirale nicht erlahmen zu lassen, sondern mit neuen Ideen und mit neuer Energie noch intensiver anzustoßen.

Anmerkungen

1 Eine ausführliche Beschreibung dieser Entwicklung gebe ich im Kapitel „Österreichs Universitäten – Haben wir eine Chance?“ ab Seite 113.

2 Ich sage absichtlich nicht „die Universitäten“, denn immer, wenn ich den zunehmenden Bürokratismus an den österreichischen Universitäten in der Presse kritisiert hatte, meldete sich schon der erste Rektor, dass „an seiner Universität“ das ganz anders sei und die Bürokratie sich nur als Hilfe für die akademische Arbeit in Forschung und Lehre verstehe. Ich spreche also nur für die (meisten) anderen Universitäten, wo die Klagen über die erdrückende Bürokratie immer stärker werden.

DIE FACHHOCHSCHULE
EIN SCHNELLSCHUSS INS SCHWARZE

Die Fachhochschulen wurden von den Universitäten zuerst belächelt und werden mittlerweile als „Liebkind" der Politik von den Universitäten beneidet. Wann ist Ihnen als Universitätsprofessor die Idee gekommen, eine Fachhochschule zu gründen?

Ich war hier völlig pragmatisch. Als Universitätsprofessor hätte ich keine besondere Veranlassung, Verpflichtung oder Neigung gesehen, mich für die Einrichtung einer FH einzusetzen, denn die Aufgaben eines Universitätsprofessors sind im Prinzip Herausforderung genug.

Sobald ich aber im Rahmen des Aufbaus des Softwareparks Hagenberg bemerkte, dass die Planung von Fachhochschulen in Österreich in ein Stadium gekommen war, dass mit der Vergabe der ersten Studiengänge zu rechnen war, habe ich mich sofort darauf gestürzt. Denn in meinem Konzept des Softwareparks ging es ja gerade darum, bei jeder der drei Säulen „Forschung – Ausbildung – Wirtschaft" alle Ebenen zu realisieren. Das heißt natürlich in Bezug auf die Säule „Ausbildung", dass die Möglichkeit der praxis- und wirtschaftsorientierten Ausbildung der Fachhochschulen eine große Bereicherung für die Vielfalt im Softwarepark darstellte. Es war mir sofort klar, dass Fachhochschulgänge für die vielfältigen Bereiche der Software die Attraktivität des Softwareparks für Firmen gewaltig erhöhen würden.

Im Herbst 1992 fasste ich deshalb den Entschluss, alles zu versuchen, um Fachhochschulgänge im Bereich IT und Software für Hagenberg zu konzipieren, durch die zuständigen Bundesbehörden (damals der Fachhochschulrat) genehmigt zu erhalten und bei Bund, Land und anderen öffentlichen Stellen die notwendigen Mittel zu lukrieren. Im Herbst 1993 sind dann schon die ersten Studenten in den ersten Vorlesungen in Hagenberg gesessen. Das war zu einem Zeitpunkt, als das FH-Gesetz noch nicht beschlossen war!

Doch ich hatte mich zweifach abgesichert: Erstens fand schon zu Beginn des Jahres 1992 eine Begehung des RISC und des sich daraus entwickelnden Softwareparks durch hochrangige Beamte des zuständigen Bundesministeriums statt. Das Ergebnis im Originalton: „Wenn Sie keinen FH-Studiengang bekommen, dann bekommt niemand einen." Die sehr kundigen Beamten waren offensichtlich sehr beeindruckt von dem, was sie sahen, und der einmaligen Möglichkeit, Universität, internationale Forschung, universitäres PhD-Studium und Firmen „unter einem Dach" mit FH-Studiengängen zu vernetzen.

Zweitens traf ich mit der HTL für IT in Leonding (in der Nähe von Linz) eine Vereinbarung, dass die Studenten, die im Herbst 1993 bei uns im Softwarepark beginnen, nach zwei Jahren einen Kollegabschluss (damals ein mögliches Anschlussstudium für HTLs) an der HTL Leonding erhalten würden, falls wider Erwarten das FH-Gesetz noch nicht im Parlament durch wäre oder der FH-Studiengang „Software Engineering", den ich mit tatkräftiger Hilfe der JKU-Kollegen Gustav Pomberger und Witold Jacak als Erstes eingereicht hatte, nicht genehmigt würde.

Der Plan ist aber aufgegangen, die Genehmigung war Ende 1993 da und es war ein erster großer Erfolg mit begeisterten Studenten und einem Lehrkörper, der von Pioniergeist beseelt war. Die weiteren Studiengänge wurden dann in rascher Folge von einem immer größer werdenden Team von JKU-Kollegen, anderen Fachleuten und bald zunehmend von den FH-eigenen Professoren konzipiert, erfolgreich eingereicht und auch realisiert.

Der Erfolg der FH Hagenberg (jetzt FH Oberösterreich, Campus Hagenberg) war fulminant. Der Ruf der Absolventen in der Wirtschaft ist hervorragend. Die FH Hagenberg hatte 2013 circa 1500 Studierende in 16 verschiedenen Studiengängen (Bachelor und Master). Dank eines sehr engagierten Lehrkörpers sind die Studiengänge der FH in den Rankings des „Industriemagazins" regelmäßig auf den ersten Plätzen und die FH erhält großes Augenmerk und auch beträchtliche finanzielle Zuwendung durch den Bund und das Land Oberösterreich, weil die positiven Folgen für die Betriebe ins Auge springen.

Wie war dieser rasche und dynamische Start der Fachhochschule in Hagenberg möglich?

Für mich war es eine Demonstration, dass aus der Potenz einer Universität in Forschung und Lehre (insbesondere aus einem internationalen universitären Forschungsinstitut wie dem RISC mit einer starken Außenorientierung) beliebige Ziele im Bereich Lehre, Praxis und Wirtschaft rasch realisiert werden können, wenn man sie beherzt angeht. Im Falle der FH Hagenberg war das Konzipieren des ersten Studiengangs, des Lehrplans, die Rekrutierung der Studierenden, der Aufbau der Infrastruktur (Räume, Computer etc.) und vor allem des Lehrkörpers innerhalb weniger Wochen möglich. Insbesondere waren die ersten Lehrkräfte an der FH Absolventen unserer JKU-Doktoratsstudien, sodass jedem ins Auge springen musste, welchen Hebel eine Universität für die Innovation in einer Region erzeugen konnte.

Die FH wurde zunächst von der Universität als „B-Zug" belächelt. Dann, als sich der Erfolg abzeichnete, haben dieselben Leute mit Neid auf die Fachhochschule geschaut, weil dorthin inzwischen beträchtliche Mittel fließen. An meiner eigenen Universität wurde 1992 eine Kommission eingerichtet, die Richtlinien erarbeiten sollte, unter welchen Bedingungen sich ein Universitätsprofessor an der FH engagieren darf. Nach circa einem Jahr und etlichen Sitzungen ist schließlich dazu ein Papier von einer Seite Textlänge entstanden. In der Zwischenzeit hatte ich den ersten Studiengang schon eingerichtet! Manche Kollegen an der Universität haben die Chance, die durch die Fachhochschule entstand, erkannt und wirkten tatkräftig bei der Entstehung und der qualitativen Entwicklung der Fachhochschule mit. Österreichweit ist das Verhältnis zwischen Universität und Fachhochschule an den meisten Orten distanziert beziehungsweise nicht besonders wohlwollend von beiden Seiten. Mancherorts ist eine Kooperation verordnet, die aber nicht von Überzeugung und Begeisterung getragen ist.

Wirklich begeistern kann man sich für eine akademische Landschaft mit Universitäten und Fachhochschulen aber nur, wenn man einen weiteren Horizont sieht: Österreich als attraktive Bildungs-(und Forschungs-)Stätte für die Jugend der Welt! Dann ist ein breit aufgestelltes, akademisches Angebot ein großer Reichtum mit vielen möglichen positiven Interaktionen, Überschneidungen, Kooperationen, flexiblen Bildungswegen, flexiblen Karrierechancen in Forschung und Lehre und vielfältigem Austausch mit den innovativen Kräften in der Wirtschaft. Dabei ist es zielführend, dass sich die Fachhochschulen mehr auf Bachelor und Master und auf den Engineering-Aspekt spezialisieren und die Universitäten sich mehr auf Master-, PhD-, Postdoc- und den Science-Aspekt konzentrieren.

Wenn das von den qualifizierten Mehrheiten der Professoren an den Universitäten und Fachhochschulen nicht gesehen und getragen wird, ist klar, dass wir in einem Hickhack über die Zuneigung der Politik, dem Belauern um finanzielle Mittel und dem eifersüchtigen Werben um (österreichische) Studenten stehen bleiben werden.

SOFTWARE
MATERIALISIERTE INTELLIGENZ

Im Softwarepark Hagenberg gab es 2013 circa 60 Firmen, darunter viele Gründerfirmen. Ist es schwierig, Gründer nach Hagenberg zu bringen? Oder rennen einem die Gründer die Tür ein? Wie wählt man die Besten aus?

Wenn man Geld hat als „Venture Capitalist“ oder „Business Angel“, rennen einem die Gründer die Tür ein. Das möchte man wenigstens meinen ...

In Wirklichkeit haben in Österreich auch sehr offene Investoren Schwierigkeiten, gute Gründerprojekte zu finden. Die Lage hat sich allerdings in den letzten Jahren sehr zum Positiven gewandelt, sowohl was die Anzahl und Qualität der Investoren als auch die der Gründer betrifft. Wenn man Geld zum Investieren hat, kann man die besten Gründerprojekte auswählen – und greift trotzdem oft daneben. Von „sagenhaften“ Plätzen wie dem Silicon Valley hört man aus der Entfernung immer nur die Traumstorys und nicht die vielen Fehlversuche von beiden Seiten, vonseiten der Start-ups und vonseiten der Investoren.

Wenn man an einem Platz wie Hagenberg Gründer anziehen möchte, ist jeder Einzelne, der den Mut, den Willen und eine gute Idee hat, sich auf das Abenteuer „Start-up“ einzulassen, ein Juwel, um das man sich bemühen muss. Dabei zählt zunächst nur die Attraktivität der Institution in Forschung, Entwicklung, Ausbildung und Infrastruktur. Über die Jahre sind 30 Gründerfirmen „hängen geblieben“. Etwa gleich viele haben im Softwarepark begonnen und sind dann, als der Erfolg eingetroffen ist, weitergezogen. Das ist o. k. im Sinne eines Impulsortes wie dem Softwarepark, der eine Mission für ganz Oberösterreich und nicht nur für eine begrenzte Region hat.

Ich habe auch mehrmals eine Anstrengung unternommen, das „Inkubieren" von Start-ups im Softwarepark systematischer, mittels eines Pools von Geld möglicher Investoren anzugehen. Das hat beim ersten Versuch (um 2000) nicht funktioniert, weil damals einfach noch zu wenig innovatives Potenzial bei den jungen Firmen im Softwarepark war. Im Jahre 2009 habe ich einen weiteren Versuch gestartet, der insbesondere auf internationale Gründer im IT-Bereich abzielte. Der Start war im Prinzip sehr gut, es ist einiges an Kapital zusammengekommen und die Stimmung hat gepasst. Das Ganze ist dann nach sehr viel Mühe und Zeitaufwand meinerseits am Bürokratismus gewisser halbstaatlicher Stellen gescheitert. Das war eine der größten Enttäuschungen meiner Jahre für den Softwarepark.

Ich kann nur alle österreichischen Universitäten bestärken, sich in Richtung Initiierung und Betrieb von „Start-up-Szenen" in unmittelbarer Nähe der Universitäten zu engagieren. Die wesentlichen Ingredienzien für Erfolg sind: die unbürokratische persönliche Betreuung und das persönliche Zusammenführen von Start-ups und Investoren durch engagierte Betreuer, die nicht am Schreibtisch, sondern bei den Firmen sitzen und die Schaffung einer „Szene", eines „Quarters", das Lifestyle, Spontaneität, Internationalität, Vibration, Dynamik, Überraschung, Vielfältigkeit ausstrahlt.

„Bildung/Ausbildung" ist einer der drei Pfeiler des Softwareparks. Was ist aus den Absolventen der Bildungseinrichtungen im Softwarepark geworden?

Das Stellensuchen war für die Absolventen des Softwareparks nie ein Problem. Im Gegenteil: Die Firmen stehen Schlange, um die Absolventen anzuwerben.

Man muss unterscheiden zwischen den PhD-Studenten und Postdocs der universitären Forschungsinstitute im Softwarepark wie dem Gründungsinstitut RISC einerseits und den Bachelor- und Master-Studenten der FH in Hagenberg andererseits sowie den Studenten der universitären Institute.

Die zumeist internationalen PhD-Studenten und Postdocs streben eine akademische Laufbahn an. Viele von ihnen sind in der Zwischenzeit *Assistant, Associate* oder *Full Professors* in anderen Ländern (USA, Kanada, EU, China, Australien). Insbesondere das RISC hat damit wissenschaftliche Ausstrahlung auf die ganze Welt. Einige haben auch Positionen in der Forschung bei Firmen angenommen.

Die Bachelor- und Master-Absolventen der Fachhochschule in Hagenberg und der JKU sind sehr begehrt. Die meisten haben schon einen fixen Vertrag, bevor sie das Studium beenden. Beim jährlichen Industrietag der Fachhochschule im Herbst kommen weit über hundert Firmen nach Hagenberg, präsentieren ihre Stellenangebote und meist sind dann keine Absolventen mehr übrig. Das ist natürlich einerseits sehr erfreulich, andererseits wird dadurch ein wesentlicher Grund, warum ich damals die Fachhochschule in Hagenberg initiiert habe, konterkariert: Es bleiben nur relativ wenige Absolventen in Hagenberg.

Was in der Öffentlichkeit nicht kommuniziert wird, existiert in der Gesellschaft nicht. Wie sind Sie in Ihrer Zeit als Softwareparkleiter mit den Medien umgegangen?

Für die Medienarbeit des Softwareparks standen nur sehr bescheidene Mittel zur Verfügung. Ich habe das durch sehr viel persönlichen Einsatz kompensiert, der auch meiner Überzeugung entspricht, dass Öffentlichkeits- und Medienarbeit im Prinzip „Chefsache“ sind. Nur wenn man die wesentlichen Botschaften authentisch in die Öffentlichkeit bringt, können sie Wirkung entfalten. Das gilt insbesondere für so subtile Gebilde wie den Softwarepark. Natürlich ist es hilfreich, wenn man auf die Unterstützung von Experten aus dem Bereich Öffentlichkeits- und Medienarbeit zurückgreifen kann. Aber die wesentlichen Inhalte müssen von den Leuten kommen, die die Innovation – egal in welchem Bereich – machen.

Ich finde, es ist unabdingbar, dass Wissenschaftler, Firmenchefs, Lehrer oder „Experten“ lernen, ihre Inhalte für jeden beliebigen Adressatenkreis zu formulieren. Das ist man den Mitmenschen schuldig und viel Verwirrung kann vermieden werden, wenn man Informationen „ohne Zwischenübersetzung“ direkt von der Quelle ans Ziel bringt. Ich habe das Ringen um Formulierungen, die Auseinandersetzung mit Fragen von Journalisten, die Erzeugung von Bewegung und Begeisterung über die Medien immer als sehr erfrischend und anregend empfunden. Meine persönliche Medienarbeit habe ich dokumentiert und habe einmal zusammengezählt, dass ich im Lauf der Jahre als RISC-Gründer und Softwareparkleiter über 500 Interviews gegeben und über 500 Führungen durch das RISC und den Softwarepark persönlich durchgeführt habe.

Leider wird in den naturwissenschaftlichen und technischen Studienrichtungen auf die „Kunst des Erklärens“ sehr wenig Zeit verwendet. Das ist nicht nur deshalb schade, weil es der Karriere der Absolventen schadet und auch der Position der Wissenschaft und Forschung in der Öffentlichkeit. Erklären ist auch für den, der erklärt, ein großer Gewinn: Es erhöht die wissenschaftliche Potenz, Kreativität, Prägnanz, wenn man sich bemüht, das Wesentliche in einer Form zu präsentieren, die auch für Nichtexperten verständlich ist. Viele gute Ideen kommen genau in dem Augenblick, in dem man etwas vermeintlich „Wissenschaftsinternes" in der Alltagssprache und im Alltagskontext zu formulieren versucht.

Ich trainiere deshalb die „Kunst des Erklärens" seit vielen Jahren in einem Seminar „Explanation Training" mit meinem internationalen PhD- und Masterstudenten. Denn ich stelle immer wieder fest, dass die Studenten zwar immer mehr Details wissen, dass aber weltweit die Fähigkeit, Dinge einfach und klar auszudrücken, immer mehr abnimmt. Dieses Seminar als „Kunst des Erklärens: Klares Denken – Klares Sprechen – Klares Handeln" biete ich wie erwähnt seit 2013 auch für Manager, Lehrer, Politiker, Fachexperten, Beamte etc. an. Denn es ist offensichtlich, dass ungeheuer viel Zeit, Geld und Energie dadurch verschwendet werden, da durch schlechte Erklärungen Missverständnisse entstehen.

Ihr Leitsatz in der Informationsbroschüre des Softwareparks lautet: „Software ist materialisierte Intelligenz. Die Möglichkeiten der Software sind erst an der Oberfläche angeritzt." Wird in Österreich die Relevanz von Software ernsthaft diskutiert und realisiert?

Ich denke, Österreich sieht die Wichtigkeit der Software – so wie inzwischen jedes andere Land: von hoch industrialisierten Staaten wie den USA, Deutschland etc. bis zu Schwellenländern wie Kambodscha oder Nigeria.

Was ich damit sagen möchte: Es ist jetzt nicht mehr schwierig, die Wichtigkeit von Software (für mich nichts anderes als materialisierte – mathematische – Intelligenz) zu erkennen. Das erkennt inzwischen „jeder". Software als materialisierte Mathematik (Problemlösen durch Denken, Schließen,

Argumentieren ..., Beweisen) ist seiner Natur nach eine „Querschnittstechnologie", das heißt etwas, was jede andere Wissenschaft, jede Technologie, jede moderne Wirtschaft und Verwaltung, die Gesellschaft braucht. Software/Mathematik/Logik/IT ...[1] werden nicht nur von allen Teilen der modernen Gesellschaft gebraucht, sondern sie stimuliert und gestaltet eine neue Gesellschaft, die globale Gesellschaft.

Als ich mit dem Softwarepark begonnen habe, war das anders. Da musste ich den Politikern, möglichen Investoren, den Beamten, Firmenchefs, Lehrern und „der Frau auf der Straße" sehr viel erklären, warum ich ein „so spezielles Gebiet" wie Software in den Vordergrund stelle. Ich erinnere mich zum Beispiel an die Situation, als in Oberösterreich mit „der Fachhochschule" begonnen wurde. Es gab eine statistische Erhebung bei „der Wirtschaft in Oberösterreich", welche Fächer durch Fachhochschulstudiengänge in Oberösterreich abgedeckt werden sollten. Da stand „Bautechnik" an erster Stelle; Informatik etc. war irgendwo im abgeschlagenen Feld. Ich musste dann sehr hart diskutieren: Wenn man eine veraltete Wirtschaft (es war damals die Krisenzeit der verstaatlichten Großindustrie) fragt, was sie heute für wichtig hält, wird man in fünf Jahren – bis man das „Wichtige" realisiert hat – etwas Veraltetes realisieren. Nein, Innovation muss man machen, indem man querdenkend, aus der inneren Logik der derzeitigen Wissenschaft, Technologie und Wirtschaft heraus, versucht, vorauszuschauen und Zukunft zu erfinden, statt Vergangenheit nachzuholen. Das habe ich damals gemacht, als ich gegen den vorherrschenden politischen Willen in Oberösterreich die Fachhochschule in Hagenberg konzipiert und durchgedrückt habe. Software in den Mittelpunkt zu stellen, war damals ein Kraftakt. Ich hoffe, dass man dafür keine Werbung mehr machen muss. Die Wichtigkeit von IT und Software ist heute sogar den Schwellenländern klar.[2]

Wenn sich also Österreich behaupten oder gar vorsetzen möchte, muss es sich bezüglich Software heute mehr einfallen lassen, als in den Chor „Software ist eine Schlüsseltechnologie" einzustimmen. Auch wenn in Österreich jeder im Web surft, mit dem Smartphone umgehen kann und in jedem Haushalt am Land Breitbandinternet-Zugang hat, ist es noch lange kein führendes IT-Land. Wo ist die jugendliche IT-Szene? Wo sind die Gründerfirmen? Wo sind die Scharen von Jugendlichen aus der ganzen Welt, die wegen der IT-Innovationskraft nach Österreich zum Studieren und Arbeiten kommen? Wo sind die Banken und privaten Investoren, die ihr Geld in die österreichischen IT-Innovationen stecken? Was ist unsere IT-Exportquote? Wer kennt im Ausland österreichische IT-Produkte? Wo gibt es bei uns internationale IT-Master-, PhD- und Postdoc-Programme? Wie berühmt ist unsere IT-Forschung in der Welt? Wo ist Österreich bezüglich IT besser als die anderen? Das sind die entscheidenden Fragen.

Da und dort in Österreich beginnen Universitäten, Firmen und Politiker, sich diese Fragen zu stellen und Wege zu suchen, wie wenigstens an einigen Stellen „Szenen", „Quarters", „Hotspots" entstehen könnten. Ich habe dazu sehr konkrete Vorstellungen und bringe mich seit 2014 in Wien und Linz in die Diskussion und auch die Realisierung ein, soweit meine Zeit reicht. Durch 25 Jahre Softwarepark weiß ich, dass unmöglich Erscheinendes möglich ist, aber ich weiß auch, dass „IT-Szenen" heute anders gestaltet werden müssen als „Technologieparks" vor 25 Jahren, und ich denke, ich weiß, welche Ingredienzien heute in welchem Ambiente zusammenkommen müssen, damit die Rakete zündet.

Wie schaut das „Kratzen an der Oberfläche", um in die Tiefen der Software zu gelangen, weltweit aus?

Unabhängig davon, ob Österreich auch die nächste IT-Softwarewelle verschläft, auf ihr surft oder gar eine Welle erzeugt – es gibt keinen Grund, der dagegen spräche: Was mit der Software in Zukunft möglich sein wird, lässt sich erahnen, wenn man das Niveau der Softwareanwendungen vor 50 Jahren mit dem heutigen Niveau vergleicht. Mit dem Verständnis für die Macht der „Selbstanwendung" (Reflexion) einer Technologie auf sich selbst (siehe dazu meine Ausführungen auf Seite 17 ff.) sollte klar sein, dass die Softwareüberraschungen in der Zukunft die vergangenen Entwicklungen um ein Vielfaches potenzieren werden.

Das ist zunächst für jeden der Milliarden User der modernen Kommunikationsmittel unmittelbar erfahrbar, auch wenn die meisten nicht verstehen, was die wesentlichen Prinzipien und Errungenschaften hinter den IT-Technologien sind. Man braucht sich nur zu erinnern, was vor vierzig, zwanzig, zehn, fünf Jahren möglich beziehungsweise nicht möglich war, und es mit dem zu vergleichen, was heute möglich ist. Da merkt man, dass hier – mit immer größerer Geschwindigkeit – eine Innovationswelle nach der anderen kommt.[3]

Es ist immer wieder erstaunlich, wie oberflächlich selbst „Vordenker" in der heutigen Zeit die Zukunft der Automatisierung sehen. So wurde 2015 Werbung für ein „Webinar" gemacht, in welchem der Autor von „sechs berühmten Zukunftsbüchern" verkündet, dass „Innovation in der Zukunft ganz anders betrieben werden wird, weil es rings um uns erfindende Roboter geben wird, mit denen wir gemeinsam die Innovation machen werden".

Als Österreicher kann man das sehr gelassen sehen und andererseits eben nicht: Denn der Österreicher[4] Kurt Gödel (1906–1978) hat 1931 – circa zehn Jahre bevor der erste Computer entworfen wurde – mathematisch im Wesentlichen Folgendes bewiesen: Was immer wir an Automatisierung entwickeln (unter anderem an „intelligenten Robotern"), es gibt immer eine nächste Stufe von Automatisierung, die die Menschen selber schaffen. Das heißt mit anderen Worten: Die Schlacht wird nicht geschlagen zwischen Menschen und „intelligenten Maschinen", sondern zwischen der Intelligenz, die Mathematiker/Softwareforscher oder -entwickler in die Lösungen einzelner Probleme einer bestimmten Problemklasse stecken, und der Intelligenz eines Einzelnen, der einen allgemeinen „Algorithmus" erfindet, der alle individuellen Probleme dieser Problemklasse ohne weitere Intelligenz lösen kann. Solche Algorithmen („Maschinen", „Tools") erscheinen dann manchen als „intelligent". Intelligent ist aber der Erfinder des Algorithmus! Und die Intelligenz der Natur, die sich im Menschen im Lauf der Evolution entfaltet, ist unbegrenzt. Man braucht sich vor ihr weder zu fürchten, noch braucht man auf sie besonders stolz zu sein als etwas „Menschliches". Man kann sie einfach genießen als einen Teil des Lebensstroms.

Wenn man Gödel „ordentlich studiert", das heißt, sich auf die tiefsten Ebenen der Mathematik einlässt, weiß man, dass „die Potenz der Software" erst an der Oberfläche angekratzt ist – und dass das immer so sein wird, wie dick die Kratzer auch sind. Es wird nur gut sein, wenn ein Land wie Österreich bei den „Tieferkratzern" dabei ist und nicht nur bei den „Oberflächenpolierern", die sich gern im Glanz und Spiegelbild der Oberfläche auf die Schultern klopfen.

Anmerkungen

1 Ich nenne das alles zusammen „Thinking Technologies" – so heißt auch meine EPU-Firma.

2 So hat mich bei meinem Besuch 2013 in Phnom Penh anlässlich einer Keynote, die ich am „Asian Technology in Mathematics

Congress“ gehalten hatte, der kambodschanische Wissenschaftsminister eindringlich gebeten, dem Land zu helfen, seine Millionen von Jugendlichen in den Schulen auf dem Land in Mathematik zu schulen, damit das krisengeschüttelte Land so bald wie möglich die Voraussetzungen hat, dass seine Jugendlichen in IT-basierten und IT-orientierten Wirtschaftszweigen reüssieren könnten.

3 Warum die Innovationswellen nicht nur subjektiv, sondern auch objektiv immer schneller kommen, habe ich im Kapitel „Mathematik: Der Anfang und immer am Anfang“ ab Seite 17 ff. erklärt.

4 Ich formuliere hier deshalb so „patriotisch“, weil gerade beim Beispiel Gödel der österreichische Patriotismus einem Schamgefühl weichen muss: Kurt Gödel ist ja kurz nach seiner bahnbrechenden Arbeit über die „Unvollständigkeit“ der Mathematik in die USA ausgewandert, weil seine Dozentenstelle an der Universität Wien wegen seiner engen wissenschaftlichen Beziehung zu jüdischen Mathematikern nicht genehmigt wurde.

INNOVATION
POSITIVES SPANNUNGSMANAGEMENT

Sie lebten viele Jahre in zwei verschiedenen Welten: der Welt der internationalen Wissenschaft und der Welt der österreichischen Wirtschaftsinnovation. Gab es Tage, an denen Sie gerne gesagt hätten: „Jetzt reicht es!"?

Ja natürlich! Mit großem Genuss hätte ich oft gerne gesagt: „Jetzt reicht es!" Bis ich gesehen habe, dass der noch größere Genuss darin besteht, trotzdem weiterzumachen, eine Schwierigkeit zu überwinden, großzügig zu sein gegenüber Bremsern, Hintertreibern, Engstirnigen und Mutlosen und damit Raum für etwas Neues zu schaffen.

Wenn man diese Großzügigkeit für ein Projekt nicht mehr aufbringen kann, ist es besser, sein Engagement zu beenden. Jedes Projekt hat seine natürlichen Grenzen. Diese liegen meist nicht im Materiellen, sondern in dem, was sich die Beteiligten „vorstellen können". Wenn es viele „Beteiligte" gibt, wie beim Softwarepark, dann lässt die Summe der Grenzen nur wenig Spielraum. Umso größer ist die Überraschung und auch die Freude, wenn trotzdem etwas gelingt, was sich so manche nicht vorstellen konnten ...

In meinem Leben als Grundlagenforscher (in der Computer-Mathematik) war ich nie davon abhängig, was sich andere „vorstellen können". Natürlich hängt die Anerkennung in der internationalen Community davon ab, was sich wesentliche Leute in der Community „im Augenblick vorstellen können". Aber ich brauche für das Zentrum dessen, was ich in der Grundlagenforschung mache und gemacht habe, glücklicherweise nur ein Kaffeehaus, meinen Mac und meinen Kopf (sowie meine Gesundheit, eine lustige Kellnerin und ein Fitnesscenter in Reichweite ...) – und glücklicherweise eben keinen „Large Hadron Collider" mit 26 Kilometern Umfang, wie so manche meiner Physikerkollegen, oder einen klimatisierten Stall mit Tausenden Mäusen wie die Mikrobiologen. Natürlich sind auch die zahlreichen E-Mails, Gespräche und Arbeiten, die man mit Kollegen weltweit austauscht, ein wesentlicher Teil dessen, was man in meiner Forschung braucht. Aber ich bin auf keinen Fall davon abhängig, ob sich andere irgendetwas vorstellen können. Im Augenblick der Erfindung sowie davor und danach muss ich niemanden fragen und brauche von niemandem eine Zuwendung – sei sie materiell, finanziell oder emotional.

Ich hatte in meiner Arbeit in der Computer-Mathematik auch nie das Gefühl, dass „es jetzt reicht". Im Gegenteil, es reicht immer weniger, je mehr man erreicht. Man steht immer mehr am Anfang, und ich bin heute mehr motiviert denn je, weiterzumachen. Eine große Revolution in der Art, wie wir in Zukunft Mathematik (in Forschung, Lehre und Anwendung) betreiben werden, steht bevor. Und das, was ich mit meinem „Theorema"-Projekt mache, scheint auf diesem Gebiet zentral relevant zu sein.[1] Nein, gerade jetzt: „Es reicht nicht!" Es fängt erst an. Und ich danke für jeden Augenblick meines Lebens, in dem ich dabei sein konnte und vielleicht noch dabei sein werde.

Manche meinen: „Kreativität hat man oder man hat sie nicht." Und: „Innovation passiert und lässt sich nicht planen." Lassen sich Kreativität und Innovation managen und mit politischen Programmen steuern?

Es ist sehr verlockend, Innovation und Kreativität planen zu wollen. Und vieles in der heutigen Organisation von Innovation in Österreich ist hoffnungslos überbürokratisiert und damit motivationstötend für jene, die die Innovation entwickeln. Auf der anderen Seite: Ja, die Gesellschaft muss sich ernsthafte Gedanken machen, wie man ein Klima von Innovation schaffen kann. Wie alles, was lebendig ist, sind auch Innovation und Kreativität Dinge, bei denen von allem, was man sagt, auch das Gegenteil wahr ist. Und alles, was man extrem macht, kehrt sich ins genaue Gegenteil.

Für Innovation sind Planung, Strategie und Langfristigkeit genauso notwendig wie Spontaneität aus dem Augenblick und das Durchbrechen von Planung, Regeln, Autoritäten, Bewährtem. Ein Physik-Nobelpreisträger gab jungen Forschern folgenden guten Rat: „Hört genau zu, was die Alten sagen, und vergesst es gleich wieder!“ Aber auch die folgende, eigentlich konträre Erfahrung hat mich geprägt: Nie habe ich in der Musik so viel gelernt wie in dem Augenblick, als mir, dem „Jungen“ mit 70, mein alter Klarinettenlehrer Walter Kefer mit 84, der mir vor 55 Jahren die letzte Stunde gegeben hatte, noch einmal eine Fünf-Minuten-Lektion gab. Ein unvergesslicher Augenblick! Auch mit vielen Worten kann ich niemandem erklären, was mir diese fünf Minuten mit einem großen Meister gegeben haben.

Soll ich sagen: „Reduziert die Mittel für die Universitäten, stoppt die Stipendien an PhD-Studenten, lasst sie alle neben dem Studium arbeiten und sperrt sie in Labors, die früher einmal WCs waren“, nur weil ich die Gröbner-Basen als Werkstudent in einem umgebauten Klo erfunden habe? Nein, lassen wir einfach offen, wie, wo und wann Innovation passiert …

Das Einzige, was man mit großem Ernst und Einsatz in einem Land wie Österreich, in den Städten und auf dem Land versuchen sollte, ist, „Szenen“ zu schaffen, in denen in der Spannung zwischen der Neugier über das, wie Natur ist, und den Wünschen, wie wir erfüllt und leicht leben möchten, Neues entsteht. Und natürlich sollte man besser nicht vergessen, dass statistisch gesehen kaum eine große Innovation in Wissenschaft und Wirtschaft langfristig ohne völliges Eintauchen in das Umfeld (was manche mit „Arbeit" bezeichnen) entstanden ist. Aber auch hier werden mir manche gerne ein Gegenbeispiel servieren. Ich bin gespannt!

Spannung zwischen Gegensätzen wird ja meist als etwas Negatives empfunden, als Quelle von Streit, Zerstörung, Krieg. Warum betonen Sie so oft die Wichtigkeit von Spannung für die Innovation?

Nach vielen Jahren Einsatz in Forschung, Technologietransfer, Wirtschaftsinnovationen sowie wirtschaftspolitischen und gesellschaftspolitischen Initiativen ist mir durch Selbstbeobachtung klar geworden, dass Kreativität und Innovation sehr eng mit einer positiven Haltung gegenüber der Spannung zwischen scheinbaren Gegensätzen zusammenhängen. Ich habe daraus auch ein spezielles Training für Manager, Innovatoren, Politiker ... entwickelt, das (hoffentlich) helfen kann, in herausfordernden Situationen innovative Lösungen, Ideen, Projekte, Initiativen, Organisationen zu erfinden und auf Schiene zu bringen.

Die Idee für den Ansatz des „positiven Spannungsmanagements" als Managementmethode in herausfordernden Situationen ist mir in dem Augenblick gekommen, als ich selbst wieder einmal vor einer herausfordernden Situation stand. Um 2000 wurde ich von der Wirtschaftskammer Tirol gebeten, einmal etwas „für meine Heimat Tirol" zu tun und meine Energie nicht nur „immer in Oberösterreich" einzusetzen. Ich sollte „Zukunftsgedanken für Tirol"[2] entwickeln, vor allem auch in Richtung Forschung, Technologie, neue Wirtschaft im Tiroler Umfeld.

Da wurde mir durch Selbstbeobachtung meiner bisherigen Initiativen von Forschung bis Start-ups klar, dass die größten Gegensätze das größte Potenzial für kreative Innovation in sich tragen und dass es darauf ankommt, wie man mit Gegensätzen umgeht.

Wenn man zwei zunächst völlig unvereinbar erscheinende Ziele/Ansichten – die Wünsche A und B – hat (zum Beispiel „die Alpen erschließen" und „die Alpen bewahren"), gibt es drei Zugänge, wie man vorgeht:

1. Man schlägt sich auf die Seite A, versucht A zu realisieren und muss dazu gegen B kämpfen, B vermeiden, B schlechtmachen ...
2. Man schlägt sich auf die Seite B, versucht B zu realisieren und muss dazu gegen A kämpfen ...
3. Man schließt einen „Kompromiss", realisiert ein bisschen A und ein bisschen B, muss sich nicht entscheiden, vermeidet einen Konflikt; wird aber oft feststellen, dass es fade schmeckt und keine Dynamik aufkommt.

Es gibt aber einen vierten Weg:

4. Man begeistert sich voll für A und man begeistert sich voll für B, sieht vielleicht zunächst keinen Weg, wie die gegensätzlichen Ziele A und B zugleich realisiert werden können, lässt sie aber zunächst in ihrer ganzen Kraft und Schönheit gedanklich in Koexistenz zu und setzt sich dieser positiven Spannung aus. Oft entsteht dann in dieser spannenden und vielleicht durchaus angespannten Situation aus den Tiefen des Bewusstseins eine Idee, die das scheinbar Unmögliche möglich macht und eine neue Situation schafft, in der sowohl A als auch B voll erblühen können.

Ich nenne diesen Weg den Weg des „positiven Spannungsmanagements". Er bringt oft (natürlich nicht immer) Lösungen hervor, die zwar beim Start als Einsatz viel Kreativität verlangen, aber dann starke, anhaltende Kreativität, neue überraschende Möglichkeiten und Energie zurückgeben.

Im Beispiel „Alpen bewahren" versus „Alpen erschließen" wurde zum Beispiel in manchen Talgemeinschaften in Tirol vor circa 30 Jahren ein neuer Weg gefunden, der beides zulässt: Einige Gemeinden betonten nachdrücklich das Erschließen der Alpen, andere betonten das Bewahren. Damit das funktioniert, das heißt, dass nicht die einen reich werden und die anderen verarmen, musste jemand einmal die damals neue, innovative und kreative Idee haben, dass es bei der Kommunalsteuer einen Finanzausgleich zwischen den Gemeinden geben muss. Das Beispiel zeigt auch, dass kreative Lösungen dieser Art oft nicht auf der Ebene des Problems (hier die Alpen), sondern auf einer ganz anderen Ebene gefunden werden müssen (hier die Gemeindefinanzen).

Ich habe diesen Weg des positiven Spannungsmanagements zu einer systematischen Methode ausgebaut, die ich in einem Tagesseminar für kleine Gruppen anbiete. Die wichtigste Übung in diesem Seminar ist: Begeistern für beide Pole eines Gegensatzpaares!

Für unser Beispiel bedeutet das: Begeistern Sie sich voll und in allen Einzelheiten für das Ziel „Alpen bewahren"! Nichts geht über die Kraft unberührter Natur! Denken Sie an Ihre Kindheit, wie unvergesslich es war, im Sommer über einen Gletscher zu wandern und kein menschliches Gebilde zu sehen, so weit das Auge reichte: im Angesicht der Kalkalpen über den „Zirbenweg" zu wandern, kein Auto, keine Seilbahn, da ein Murmeltier! Begeistern Sie sich dann genauso voll und in allen Einzelheiten für das Ziel „Alpen erschließen"! Ein Skitag ohne langes Anstehen bei den Liften, beheizte Gondeln, ein super Service und uriges, aber gesundes Essen auf der Almhütte mit wunderbarem Ausblick, abends heim ins Hotel mit erstklassiger Sauna, Tiefgarage fürs Auto, WLAN am Zimmer!

Wenn Sie sich ganz begeistert haben für beide gegensätzlichen Ziele, Wünsche, Vorstellungen, dann sind Sie bereit, etwas wirklich Innovatives zu erfinden – geben Sie sich nicht zufrieden mit einem vorsichtigen Mittelmaß oder mit dem schnellen Auf-eine-Seite-Schlagen!

Spielen Sie diese Übung an vielen Paaren gegensätzlicher Pole durch, bei denen Ihnen wenigstens ein Pol richtig „wehtut". Zum Beispiel: Liberales Freidenkertum in einem demokratischen Staat versus Gottesstaat! Millionen von Flüchtlingen aus islamischen Staaten und aus Afrika in Europa versus Abschottung unserer europäischen Wohlstandsfestung! Akademische Bildung als hoch qualitatives Produkt gegen kostendeckende Studiengebühren mit Gewinn versus das demokratische Recht jedes Einzelnen auf Bildung! Das Recht, Tiere als Nahrung zu töten versus größte Ehrfurcht vor dem Leben! ...

Wenn Sie das für beide Seiten von Gegensatzpaaren trainieren, werden Sie erstens feststellen, dass Gegensätze zwischen unversöhnlich erscheinenden Zielen in lebenden Systemen „das Normale" sind und nicht die Ausnahme. Sie werden zweitens beginnen, die Meinungen anderer mehr zu schätzen, und Sie werden drittens beginnen, wirklich innovative umfassende Lösungen und Konzepte zu entwickeln, die aus der unbändigen Kraft des Unterbewussten kommen, Thesen und Antithesen nicht stehen zu lassen, sondern zu Synthesen auf höherem Evolutionsniveau zu führen.

Ein Symbol für Innovation durch volles Ausleben von spannenden Gegensätzen ist die Renovierung des Schlosses (besser: der Ruine) Hagenberg durch Architekt Peter Riepl von 1987 bis 1989. Die gemeinsame Arbeit mit Riepl war für mich eines der spannendsten Projekte in meinem Leben, eine tolle Zeit und ein Symbol für vieles, was ich nachher gemacht habe. Riepl hatte damals das Konzept entwickelt, alte Gebäude nicht zu „renovieren" (im Sinne von „das Alte nachbauen"), sondern die alten Schichten in ihrer historischen Kraft herauszuschälen und dann das, was nicht mehr vorhanden war, durch Akzente in der heutigen Formensprache zu gestalten – in diesem Fall für die futuristischen Zwecke meines Forschungsinstituts RISC.

Mit Recht hat Riepl für diese innovative Art der Revitalisierung eines historischen Gebäudes den Kulturpreis des Landes Oberösterreich erhalten. Jedes Mal, wenn ich beim Betreten des Schlosses den Schlüssel in das tiefliegende Schloss der Eingangsglasture stecke, verbeuge ich mich vor der Geschichte und gleichzeitig vor dem innovativen architektonischen Genie. Vielleicht war Riepl derjenige, der mir die Bedeutung von positiver Spannung für Innovation implizit eingepflanzt hat. Denn es fiel mir auf, dass er niemals „schwierig" sagte, sondern „spannend", wenn etwas zunächst unlösbar erschien.

Wenn man in der Gesellschaft etwas bewegen will, ist die Auseinandersetzung mit der Politik unvermeidbar. Wie offen war die Politik gegenüber dem Softwarepark Hagenberg und der Idee, Wissenschaft und Wirtschaft zu kombinieren?

Man darf „die Politik" nicht überfordern und auch nicht überbewerten. Denn „die Politik" ist ein Spiegel der Gesellschaft. Deshalb ist auch das Jammern über „die Politiker" im Prinzip müßig. Denn man jammert damit eigentlich über sich selbst beziehungsweise über unser eigenes Umfeld, unsere Vorstellungskraft, unsere Werte, unser Begeisterungspotenzial. Wer mit der Gesellschaft, in der er lebt, nicht zufrieden ist, soll sich vor allem anderen selbst engagieren. Glücklicherweise leben wir in einem Land, in dem das jederzeit möglich ist, ohne dass man Nachteile zu befürchten hat, wenn das eigene Engagement vielleicht im Widerspruch zu den Vorstellungen „der Mächtigen" steht. Das ist ein sehr hoher Wert, den man nicht genug hochhalten kann und an dessen Bewahrung man engagiert arbeiten muss.

Deshalb habe ich zum Beispiel meine Arbeit für den Softwarepark eigentlich nie als ein „hier Wissenschaft, Technologie und Wirtschaft – dort die Politik" empfunden. Vielmehr ist man Teil der Gesellschaft, arbeitet in der Gesellschaft für die Gesellschaft, für eine bessere Zukunft für alle und damit auch für sich selbst. Ich möchte in einem interessanteren Linz, Österreich, Europa, in einer interessanteren Welt leben. Deswegen engagiert man sich lokal, regional, national, international, global.

Die Idee, Wirtschaft wissenschafts- und technologiebasiert zu betreiben, war zu der Zeit (circa 1980), als ich begann, mit meiner Forschungsgruppe an der Johannes Kepler Universität ganz bewusst auch mit oberösterreichischen Firmen zu arbeiten, nicht gang und gäbe. Es gab dazu weder aufseiten „der Politik" noch „der Universität" und auch nicht aufseiten „der Wirtschaft" sehr viel Verständnis dafür. Aber es gab auf allen drei Seiten punktuell ganz explizite Begeisterung. Und die Personen, die damals mit neuem Pioniergeist die drei Bereiche zu vereinen begannen, haben sich über die Jahre als Gemeinschaft bewährt und sind in dem Geist gewachsen.

Aufseiten der JKU waren das vor allem die Kollegen Peter Klement, Gustav Pomberger und Roland Wagner. Unsere „Viererbande" ist bis heute in diesem Geist aktiv und trägt auch gemeinsam die Weiterführung in die nächste Entwicklungsstufe. Aufseiten der Politik war es der damalige oberösterreichische Wirtschaftslandesrat Dr. Christoph Leitl, der die „technologiebasierte" Wirtschaft für Oberösterreich proklamierte und konsequent in immer größeren Kreisen umsetzte. Seitens der Wirtschaft war das am Anfang die IT-Abteilung der VA unter DI Herbert Exner. Bald folgten wegen des offensichtlichen Erfolgs der Kooperation mit der Wissenschaft viele andere Firmen. In der Tat war die Kooperation zwischen Exner und mir damals der Anlass, mein „Research Institute for Symbolic

Computation“ (RISC) zu gründen, damit die Kooperation eine längerfristige und stabile Struktur hatte.

In der Beziehung zur Politik geht es nicht nur darum, ob und inwieweit sie die Rolle und Bedeutung der Wissenschaft und der Technologie sieht (woran ja heute keiner mehr zweifelt). Es geht auch darum, dass die Wissenschaft die Verantwortung wahrnimmt und sich die Mühe macht, in der Gesellschaft und insbesondere „in der Politik“, also dort, wo wesentliche Zukunftsentscheidungen getroffen werden, genau und immer wieder zu erklären, wie der Zusammenhang zwischen Wissenschaft, Technologie, Wirtschaft und Gesellschaft ist.

Deshalb habe ich mich nie gescheut, Zeit und Energie darauf zu verwenden, „der Politik“, „der Gesellschaft“, „der Öffentlichkeit“ zu erklären, worum es in der „Innovationsspirale“ geht – in zahlreichen Interviews, Presseartikeln, öffentlichen Vorträgen genauso wie in insgesamt über 500 Führungen durch den Softwarepark für immer wieder andere Delegationen aus dem In- und Ausland. Dabei habe ich nie danach gefragt, ob es sich um Delegationen von hohen Beamten oder Politikern aus der EU, um Besuche aus asiatischen Technologiezentren, um Politiker aus anderen Bundesländern oder um den Pensionistenverband eines oberösterreichischen Bezirks oder den Schulausflug der Hauptschule aus Freistadt oder einen Abstecher der Kindergartenkinder aus Hagenberg handelte.

Anmerkungen

1 Wie im Kapitel „Mathematik: Im Auge des technischen Hurrikans“ (ab Seite 46) erwähnt, wurde im August 2014 beim „International Congress of Mathematicians“ (ICM) in Seoul eine Arbeitsgruppe

eingerichtet, die für diese Revolution – wenn so etwas überhaupt möglich ist – eine „Magna Charta“ entwickelt hat, um sie zu beschleunigen. Ich habe die Ehre und Freude, ihr anzugehören.

2 B. Buchberger et al., „Zukunftsgedanken für Tirol“, Konzept im Auftrag der Wirtschaftskammer Tirol, 2000. Zu beziehen von der WK Tirol.

ÖSTERREICHS UNIVERSITÄTEN
HABEN WIR EINE CHANCE?

Sie haben 25 Jahre lang die Gratwanderung zwischen Forschung und Wirtschaft versucht. Wie wichtig ist Ihnen die Grundlagenforschung heute?

Die Grundlagenforschung im internationalen Kontext war und ist für mich die tragende Säule: der Garant für Qualität, die Hand am Puls der Zeit, der Seismograf in die Zukunft, die Sicherheit für die eigene Qualifikation, die unerschütterliche Basis für die Unabhängigkeit von Politik, Macht, Geld, der Lebensaspekt, über den ich mich beruflich definiere, ganz gleich welche anderen Aktivitäten oder Ziele ich sonst verfolgte oder verfolge.

In der Tat habe ich sehr darunter gelitten, dass mein Leben als Forscher in den Aufbaujahren des Softwareparks durch die Last der Detailarbeit stark beeinträchtigt war. Doch habe ich es all die Jahre geschafft, vor allem in der internationalen Community in meinem Forschungsgebiet (Symbolic Computation) ganz vorne zu bleiben, wenn ich das so sagen darf. So kann ich heute nahtlos zur Grundlagenforschung zurückkehren, nachdem die Weiterentwicklung des Softwareparks nach meinem Rücktritt als Softwareparkleiter durch die Etablierung eines eigenen Lehrstuhls für Software Science an der Johannes Kepler Universität (JKU) in die Wege geleitet ist. Ich werde mich jetzt auf die Weiterentwicklung der Mathematik in die Richtung konzentrieren, die ich seinerzeit (1985) durch Gründung des RISC an der JKU, durch Gründung des internationalen *Journal of Symbolic Computation* (JSC) und seit 1995 durch mein

Forschungsprojekt „Theorema" angestoßen und „skizziert" habe.

Heute ist also die Grundlagenforschung wieder der berufliche Mittelpunkt meines Lebens und ich stelle mit Genugtuung fest, dass die Themen, die ich mit RISC, JSC und „Theorema" angestoßen habe, heute ein Zentrum der Zukunftsentwicklung der Mathematik darstellen. Viele erwarten sich hier eine „Revolution"[1] in der Art, wie wir in Zukunft Mathematik betreiben und der Welt als „Welterbe" über das Web zur Verfügung stellen werden. Ich bin erregt und nervös, zu dieser Revolution an vorderster Front beizutragen.

Internet, Generation X, Y ..., Bildung und Erfolg durch Tun und Surfen im Web. Ist die Universität noch zeitgemäß? Hat die Universität Zukunft?

Ja natürlich. Das Zeitalter „der Universität" beginnt erst.

Um das zu sehen, muss man genau verstehen, was „Universität" eigentlich ist: Die Universität ist diejenige Institution in der (nationalen, heute globalen) Gesellschaft, die aus sich selbst durch „die Methode der Wissenschaft" („Forschung") neues Wissen an der jeweilig vordersten Front des bestehenden Wissens schafft und auch die Verantwortung wahrnimmt, die nächste Generation von Wissenschaftlern heranzubilden, die diese Methode beherrschen. Sofern eine Institution dieses umfassende Ziel erreicht, ist sie Universität.

Andere Forschungs- und Bildungsinstitutionen tragen den einen oder anderen Aspekt zu diesem umfassenden Ziel bei. Sie sind aber nicht „Universität". Zum Beispiel gibt es Forschungsinstitute bei Firmen, die top in der Forschung auf ihrem Gebiet sind, aber keine Verantwortung und auch keine systematischen Aktivitäten in der Ausbildung wahrnehmen. Sie sind nicht

„Universität“. Es gibt Bildungseinrichtungen, die eine prima Ausbildung leisten, aber selbst keine Forschung betreiben, sondern nur das durch Forschung entstandene Wissen weitergeben. Auch das sind keine „Universitäten“.

Und natürlich geben uns die neuen Technologien (Internet, Web, Social Media) ungeheure Möglichkeiten, uns selbst jederzeit zu einem beliebigen Thema rasch bilden zu können, und es entsteht in der „internet crowd“ durchaus neues Wissen. Aber: Das Webwissen ist nicht den Qualitätscheck durch die „Methode der Wissenschaft“ gegangen, das Web ist (noch) keine „Universität“.

Was ist nun die Essenz der „wissenschaftlichen Methode“? „Wissenschaftlich“ bedeutet nach heutigem Verständnis zunächst „durch intersubjektiv nachprüfbares (verifizierbares/falsifizierbares) Beobachten und Schließen“ entstanden. Vor allem aber bedeutet „wissenschaftlich“, dass das Behauptete für die Kritik durch andere offen ist, und zwar so, dass dieses straffrei möglich ist; dass die Kritik an allem und jedem geübt werden kann unabhängig davon, wer die Behauptungen aufstellt, und unabhängig davon, wer kritisiert. Im modernen Wissenschaftsbetrieb, der erst seit ca. 300 Jahren nach diesem Prinzip funktioniert, ist diese straffreie Kritik durch das sogenannte „Anonymous-peer-reviewing“-System[2] garantiert und die wissenschaftlichen Journale sind die Organisationen, die dafür sorgen, dass dieses System auf alle neuen Ergebnisse angewandt wird.

Die wissenschaftliche Methode hängt also ganz eng mit dem Begriff der „Demokratie“ zusammen. Man könnte sagen: Die wissenschaftliche Methode ist der demokratische Ansatz zur Wahrheitsfindung. Oder umgekehrt: Die Demokratie ist die Anwendung der wissenschaftlichen Methode auf die Politik. Die wissenschaftliche Methode in diesem Sinne ist selbstverständlich keine Garantie für „Wahrheit“, schon gar nicht für

„absolute Wahrheit". Die Praxis hat aber gezeigt, dass die Breite und Tiefe der wissenschaftlichen Erkenntnis genau seit dem Zeitpunkt in ungeheurem Maße zugenommen hat, da die obigen Grundprinzipien Konsens gefunden haben.

Umgekehrt wird aus dieser kurzen Analyse der Universität als Träger und Realisator der wissenschaftlichen Methode auch klar, dass die Universität unabhängig von technologischen Realisierungen der Wissensspeicherung und Wissensverbreitung (zum Beispiel über das Web) ist. Die wissenschaftliche Methode gewinnt aber durch die neuen Medien an Dynamik. Insbesondere haben sich die Archivierung und der Zugang zu den wissenschaftlichen Erkenntnissen dramatisch geändert und weitere dramatische Änderungen stehen bevor. Die Qualitätskontrolle von wissenschaftlichen Kenntnissen durch das Prinzip der gegenseitigen straffreien Kritik wird und soll sich dadurch aber nicht ändern.

Aus der Tradition der (europäischen) Universitäten, die vor einigen Jahrhunderten begonnen hat, hat „Universitas" noch folgende Aspekte – die alle zu dem beschriebenen Grundziel beitragen:

- „universitas professorum et studentium": der persönliche intensive Kontakt zwischen den Professoren und den Studenten,
- „universitas disciplinarum": eine umfassende Zusammenschau aller Disziplinen, von der Ganzheit ins Detail und vom Detail zur Ganzheit,
- „universitas nationum": Internationalität! Das Zusammenspiel der verschiedenen Länder, das Zusammenleben von Wissenschaftlern und Studenten aus aller Herren Länder!

Es ist die Aufgabe der Professoren der Universitäten, diese Zielsetzung „der Universität" mit all ihren Aspekten hochzuhalten und zu realisieren – oft auch im Gegensatz und Widerstreit zu bestehenden Machtapparaten, bürokratischen Strukturen, ideologischen Einflüssen, kommerziellen Interessen. Diese Verantwortung sollten die Universitätsprofessoren weder abgeben, noch sich nehmen lassen.

Universitätsprofessoren sind in gleichem Maße verantwortlich für Forschung und Lehre: in der Forschung insbesondere für den Punkt, wo fundamental neues Wissen entsteht – die Grundlagenforschung –, und in der Lehre insbesondere für den Punkt, wo Leute herangebildet werden, die in Zukunft wieder für das Forschen geeignet sind – das Doktoratsstudium.

Damit „das Web" eine „Universität" werden könnte, sind grundlegend neue Techniken notwendig, die im jetzigen Web *nicht* zur Verfügung stehen. Unter anderem hat meine eigene Forschung im „Theorema"-Projekt allenfalls die mögliche Anwendung, gewisse Aspekte der „wissenschaftlichen Methode" im Web verfügbar zu machen. Ich kann darauf wegen der Subtilität und Komplexität der Frage hier nicht darauf eingehen. Der Knackpunkt, wo Universität möglich ist, ist also die Frage, wo „die wissenschaftliche Methode" hochgehalten und realisiert wird.

Die Universität als Quelle der immerwährenden Innovation: Kaum zu glauben, wenn man nach Österreich schaut. Haben die österreichischen Universitäten Zukunft? Haben wir Chancen auf ein Top-Ranking?

Ja, die österreichischen Universitäten haben Zukunft und die Chance, ein internationales Top-Ranking zu erreichen. Die österreichischen Professoren (vor allem die international top gereihten) haben die Verantwortung, die Maßnahmen zu ergreifen, damit dieses Ziel erreicht wird. Es gibt keine Ausrede, warum österreichische Universitäten kein Top-Ranking erreichen können.

In der Tat sind einzelne Fachbereiche, Institute und Forschergruppen an österreichischen Universitäten international top gereiht. Beispiele dafür habe ich an anderer Stelle gegeben. Dafür gibt es aber keine offiziellen internationalen Spezialrankings, die an die große Glocke gehängt werden, und damit wird diese internationale Stellung in Österreich medial kaum beachtet und ist in Österreich wenig bekannt.

Österreichische Universitäten könnten aus folgenden Gründen ein Top-Ranking erreichen: Österreich gehört zum europäischen Kerngebiet, in welchem über die Jahrhunderte der Gedanke der Universität in dem oben erklärten Sinne entstanden ist, und es hat die geistige Infrastruktur und Tradition, Universitäten von höchster Qualität hervorzubringen. Österreich hat auch genug Geld, um gute Universitäten zu realisieren. Auch darüber habe ich an anderer Stelle gesprochen. Es geht in diesem Bereich nur darum, gewisse „heilige Kühe" zu schlachten und Initiative zu ergreifen. Auch die Ausrede, dass wir als kleines Land keine Chance hätten, gilt nicht: Die Schweiz, Schweden, Holland oder Dänemark zeigen, wie man im internationalen Universitätsranking durchaus ganz vorne dabei sein kann. Und auch die Universität Wien zeigt durch konsequentes Agieren über die letzten Jahre, dass ein Spitzenplatz durchaus möglich ist.

Österreichische Universitäten, die ein Top-Ranking erreichen wollen, sollten folgende Maßnahmen ergreifen:

- Erstens muss man die internationalen Rankings ernst nehmen, auch wenn diese niemals objektiv oder fair sein können: Aus den aufgezeigten Schwachpunkten kann man lernen, woran man schleunigst arbeiten muss.
- Dazu gehört auch die Verpflichtung, sich international akkreditieren zu lassen. Das ist insbesondere für die Orientierung von Studierenden und Forschern, die an österreichischen

Universitäten studieren oder arbeiten wollen, sehr wichtig. Es ist beschämend, dass die meisten österreichischen Universitäten mit der innerösterreichischen Akkreditierung zufrieden sind. Diese zählt aber im Ausland nicht, zum Beispiel, wenn Studierende aus dem Ausland Top-Studienorte suchen.

- Zweitens muss der Fokus auf die Qualität der Eckpfeiler der universitären Forschung und Lehre – die Grundlagenforschung und das Doktoratsstudium – gelegt werden. Wenn man in diesen beiden Bereichen top sein will, erkennt man, welche Detailmaßnahmen wesentlich sind. Wenn man in diesen beiden Bereichen top ist, dann gelingt es auch relativ leicht, in allen anderen Bereichen top zu sein.
- Dazu gehört auch die Orientierung auf den „internationalen Markt" der Forscher und der Studierenden. Nur wenn man in der Forschung und der Lehre das Schwergewicht auf die Attraktivität für internationale Professoren und internationale Studierende legt, kann man ein internationales Standing erreichen. Die Top-Universitäten sind die eigentlichen globalen Nervenzellen der gesellschaftlichen Evolution.
- Drittens müssen Top-Universitäten die nahtlose Verbindung von Forschung, Ausbildung und innovativer Wirtschaft schaffen. Diese „innovation chain" muss eigentlich eine „innovation spiral" sein, wo von der Wirtschaft und Gesellschaft die Impulse wieder unmittelbar an die Forschung zurückgehen.
- Dazu müssen die Universitäten auch das Zentrum eines vibrierenden, jugendlichen, internationalen, intellektuellen, künstlerischen, innovativen Lifestyles sein. Dieser muss auf dem Campus der Universität erlebbar sein, und zwar gleichermaßen für die Professoren, die Studierenden, aber auch alle möglichen Partner der Universitäten wie Firmen, Gründer, Investoren, Politiker etc.

© Es ist meiner Meinung nach auch abträglich, wenn sich einzelne Fakultäten von Universitäten abspalten, wie es mit den medizinischen Fakultäten in Wien, Graz und Innsbruck geschehen ist. Der ursprüngliche Gedanke von „Universität" war eben auch „universitas disciplinarum" – ein Gedanke, der mehr denn je aktuell ist. Im internationalen Ranking schlägt sich das Abspalten von Disziplinen durchaus negativ nieder. Zum Beispiel hätte die Universität Innsbruck mit der abgespalteten Medizinuniversität Innsbruck zusammen weltweit ein Ranking unter den ersten hundert Universitäten!

Anmerkungen

1 Siehe zum Beispiel die jüngsten Vorträge und Arbeiten von V. A. Voevodsky, Gewinner der „Fields Medal" 2012. Die „Fields Medal" gilt als „Nobelpreis der Mathematik". Für die Mathematik gibt es ja keinen Nobelpreis.

2 Dieses System bestimmt, dass alles, was publiziert wird und die Etikette „wissenschaftlich" erhalten möchte, durch „peers" (= Wissenschaftler im selben Fachgebiet) anonym (das heißt so, dass der Autor/die Autorin nicht weiß, wer ihn/sie kritisiert) einer „review" (kritischen Analyse) unterzogen wird, auf die der Autor/die Autorin einzugehen hat.

MEDITATION
DIE KUNST DER NICHT-MATHEMATIK

Man kennt Sie in der Öffentlichkeit als Mathematiker und als Innovationsmanager, der mit beiden Beinen im realen Leben steht. Was hat Sie veranlasst, mit dem Meditieren zu beginnen?

Meditation ist das exakte Gegenteil von Mathematik. Mathematik und Meditation zusammen sind 200 % Leben.

Mathematik ist die Nabe im „Rad der drei Pfeile" – „Beobachten/Denken/Handeln" – mit dem „vierten Pfeil" Selbstanwendung (siehe Grafik Seite 17). Wenn man in diesem Rad sehr intensiv engagiert ist, wird einem schnell klar, dass dieses nach außen drehende Rad die Tendenz hat „durchzudrehen". In der Tat erzeugt dieses sich (wegen des Rückkopplungspfeils) immer schneller drehende Rad bei vielen Menschen heute Angst und viele sind so verstrickt in die Drehungen, dass ihr System tatsächlich „durchbrennt" (Burn-out). Auf der einen Seite bringen die Resultate der Spirale „Wissenschaft – Technologie – Wirtschaft" in zunehmendem Maße materiellen Wohlstand für viele. Die globale Gesellschaft lechzt danach, auf diesem Wege fortwährend materiellen Wohlstand für alle zu bringen. Aber genauso wird immer mehr kritischen Menschen klar, dass da etwas „gegen die Natur" läuft.

Es stellt sich deshalb die Hauptfrage der heutigen Zeit: Wie kann man gleichzeitig involviert sein in den „wissenschaftlich/technologisch/wirtschaftlichen" Weg mit seinen Einsichten über das Wesen der Natur und den daraus entstehenden spektakulären Vorteilen für das materielle Wohlergehen aller – und gleichzeitig als Einzelner und als Gesellschaft so leben, dass die Natur nicht verletzt wird, oder besser, dass man in voller Harmonie mit ihr lebt?[1]

Die Antwort ist im Prinzip einfach: Man muss der Natur in einem selbst die Möglichkeit geben, sich daran zu erinnern, wie das „Rad der drei Pfeile“ begonnen hat. Wie ist es, wenn es kein Beobachten, kein Denken und kein Handeln gibt und das Bewusstsein nicht in Beobachter und Beobachtetes, Denker und Gedachtes, Handelnder und Behandeltes zerfällt? Was dann bleibt, ist das Bewusstsein, das sich selbst wahrnimmt und erkennt, dass es mit der Natur eins ist. Was bleibt, ist völlige Stille, in der gleichzeitig das höchste Potenzial für die volle Dynamik „Beobachten – Denken – Handeln“ liegt. In diesem Zustand hat das Bewusstsein die Freiheit, in jede Richtung zu gehen, und erfährt gleichzeitig die Befreiung von den Zwängen der bisherigen Rotationen des Rades „Beobachten – Denken – Handeln“. Mit anderen Worten: Was bleibt, ist nur der „Rückkopplungspfeil“ ohne konkrete Inhalte. Ein Zustand, in welchem das Bewusstsein in sich selbst ruht und nicht getrennt ist von der Natur als Ganzes.

Techniken, die einem die Möglichkeit geben, sich an diesen Urzustand der Natur in sich selbst zu erinnern (beziehungsweise zu erkennen, dass dieser Zustand ständig in einem vorhanden ist, unabhängig davon, wie wild sich das „Rad der drei Pfeile“ dreht), nennt man Meditationstechniken. Sie sind so alt wie die Menschheit.

Ich habe schon in meiner Jugend erkannt oder intuitiv gefühlt, dass das „Rad der drei Pfeile“ in seiner jeweiligen konkreten, weit nach außen gerichteten letzten Spiraldrehung für sich allein „in der Luft hängt“, und habe deshalb früh begonnen, verschiedene Wege zu gehen, auf die mich meine Intuition geführt hat und die ich heute als „meditativ“ bezeichnen würde.

Nach Erfahrungen mit vielen verschiedenen Wegen bin ich schließlich 1973 auf die in der vedischen Tradition begründete Meditationstechnik gestoßen, die damals von Maharishi Mahesh Yogi neu belebt und aufbauend auf der allegorischen Beschreibung in der Bhagavad Gita[2] in der Sprache des Westens praktisch verständlich gemacht wurde.

Ein Bekannter hat mir die Technik der „Transzendentalen Meditation" in einer Zufallsbegegnung so beschrieben: „Du erhältst einen Klang, der dir gehört und mit dem du meditieren kannst." Da war für mich in einem Augenblick klar, dass dies die Technik ist, die für mich passt, und ich praktiziere sie seither regelmäßig.

Die intensive Beschäftigung mit der Mathematik und die intensive Erfahrung der Meditation haben mir die zwei extremen Seiten des Lebens geöffnet, zwischen denen die Vielfalt in immer neuen Mustern aufgespannt ist. Ich empfinde größte Dankbarkeit, dass ich in diesem Sinne „200 % leben" genießen durfte.

Das klingt sehr einfach, fast zu einfach ... Warum kann ein Klang das „Rad der drei Pfeile" zum Stillstand bringen?

Man ist versucht, darüber nachzudenken, wie man das „Rad der drei Pfeile" wenigstens kurzzeitig zum Stillstand bringen könnte oder zu denken: „Ich will nicht denken." Nachdenken über die „drei Pfeile" ist aber immer noch Denken und lässt das Rad nicht stillstehen. (Dazu gibt es ja schöne Märchen von der Art, dass jemandem ein großer Schatz versprochen wird unter der Voraussetzung, dass er beim Schatzheben ja nicht an einen weißen Schwan denkt ... unmöglich!)

Deshalb ist ein Trick erforderlich, wie man sich – wenigstens kurzzeitig – aus dem „gelben Rad" herausfallen lassen kann.

Das Bewusstsein hat Sehnsucht nach der Erfahrung der Stille und bleibt dann allenfalls auch länger in der Stille, bis es wieder nach außen in den Zyklus des Beobachtens – Denkens – Handelns geht. Und in diesem Augenblick des Vergessens ist das Bewusstsein bei sich selbst. Das Vergessen des Konkreten erlaubt das sich Erinnern an das, was war und ist, bevor es irgendetwas Konkretes gibt. Diese grundlegende meditative Erfahrung hatte und hat in den verschiedenen Zeitaltern und Kulturen Dutzende verschiedene Namen, wie „Stille", „Transzendenz", „reines Sein", „Nirwana", „Samadhi", „das Namenlose" usw. Jede Bezeichnung dafür ist möglich und jede ist falsch, denn ein Name hat Bedeutung, das heißt eine Assoziation mit einer Beobachtung, einem Gedanken, einer Handlung. Die Stille ist aber „bedeutungslos"... und deshalb so bedeutend!

Es ist das Verdienst von Weisen wie Maharishi und anderen im Lauf der Geschichte und in den unterschiedlichsten Kulturen, alte Traditionen („Wege", „Tricks", „Techniken") wachgehalten zu haben, mit denen es möglich ist, aus dem Zustand des ständig kreisenden „Rads der drei Pfeile" in den stillen Zustand des Bewusstseins zu gelangen. Ich nenne solche Wege hier „Meditationstechniken". Die Wege können sehr unterschiedlich sein, das Ziel (das eben ein unbeschreibbares „Nicht-Ziel" ist) ist bei allen dasselbe: das Vergessen des „Hamsterrads" und die Erfahrung der Stille, die übrig bleibt, wenn das Rad vergessen wird. Der auf der vedischen Tradition basierende Weg der „Transzendentalen Meditation", wie er für die heutige Gesellschaft von Maharishi Mahesh Yogi in aller Einfachheit erklärt wurde, ist nur einer von vielen. Für mich war er – nach etlichen anderen praktisch erprobten Wegen – intuitiv der passende.

„Transzendental“ klingt ziemlich esoterisch. Passt das zu einem Mathematiker und Manager, der auf die Kraft des Denkens und des praktischen Handelns setzt?

Das Wort „transzendental“ hat im Zusammenhang mit „Transzendentaler Meditation“ eine ganz einfache, praktische Bedeutung: Transzendentale Meditation (kurz TM) ist eine Technik, die – wie jede Meditationstechnik in dem hier beschriebenen Sinne – die Möglichkeit geben soll, wenigstens kurzzeitig den Zyklus des „Beobachtens – Denkens – Handelns“ hinter sich zu lassen, also diese sich ständig ändernden zu „über-schreiten“ (lat. trans-scandere).

Damit wird dem Bewusstsein die Möglichkeit gegeben, sich daran zu erinnern, dass es unabhängig von den konkreten Inhalten des Beobachtens, Denkens und Handelns in Freiheit und Stille und gleichzeitig höchster Spannung für mögliche Dynamik existiert. Im Kontext verschiedener Ausprägungen der europäischen Philosophien, Kulturen und Religionen hat das Wort „transzendental“ allerdings viele andere Bedeutungen: bis hin zu „mysteriös“, „esoterisch“, „intellektuell abgehoben“, „versponnen“. Das ist hier aber eben gerade nicht gemeint.

Es gibt buchstäblich Hunderte Wege in der Geschichte und in den unterschiedlichen Kulturen, die der Sehnsucht des Bewusstseins entsprechen, das ewige und manchmal belastende Rad des „Beobachtens – Denkens – Handelns“ hinter sich zu lassen. Manchen gelingt das nur teilweise, weil sie auf der Ebene des Beobachtens („Betrachtens“), Denkens („intellektuellen Analysierens“) oder Handelns stehen bleiben. In diesem Zusammenhang soll das Adjektiv „transzendental“ besonders darauf hinweisen, dass es darum geht, diese Ebene zu überschreiten. Maharishi hat das sinngemäß so ausgedrückt: „Jede Meditationstechnik, die darauf hinzielt, dem Bewusstsein die

Möglichkeit zu geben, die Ebene des Beobachtens, Denkens, Handelns hinter sich zu lassen, ist also ‚transzendental'." Und nur in diesem Sinne ist die von Maharishi nach einer langen Tradition weitergegebene Meditationstechnik „transzendental".

Anmerkungen

1 In der Tat ist das in nicht so eklatant sichtbarer Form die Grundfrage des Menschen im Lauf seiner Geschichte. Siehe zum Beispiel die Frage von Walther von der Vogelweide (um 1170–1230) in seinem Gedicht „Ich saß auf einem Stein" in freier Formulierung: „... Wie geht das zusammen in einen Schrein: auf der einen Seite Ehre und weltliches Gut – die für sich allein schon oft ein Widerspruch sind – und auf der anderen Seite Gottes Huld ... (das heißt, die Harmonie mit der Natur als Ganzes)?"
Oder die Frage des Bogenschützen Arjuna (Bogenschießen: die perfekteste Technologie im Zeitalter der Veden vor circa 3000 Jahren) an Gott Krishna (Krishna – die Natur als Ganzes) in der „Bhagavad Gita", ebenfalls in freier Formulierung: „Wie soll ich schießen – das heißt handeln –, ohne meine Verwandten – das heißt alles, womit wir in der Natur verbunden sind – zu verletzen?"

2 Die „Bhagavad Gita" ist wohl das bekannteste Buch der vedischen Literatur: eine Art Zusammenfassung oder Konzentration der Veden in allegorischer Form. Es gibt davon Dutzende Übersetzungen und Kommentare. Die für mich klarste ist: Maharishi Mahesh Yogi, Bhagavad Gita, A New Translation and Commentary, Chapters 1–6, Arkana Penguin Books, 1990.

MATHEMATIK + MEDITATION = 200 % LEBEN

Trotzdem: Meditieren ist also unpraktisch, das heißt fernab von Beobachten, Denken, Handeln. In vorangegangenen Kapiteln haben Sie Mathematik als etwas extrem Praktisches beschrieben und Ihre Tätigkeit als Technologiemanager war und ist völlig auf den praktischen Erfolg ausgerichtet. Wie geht das zusammen?

Es geht zunächst einmal überhaupt nicht zusammen, sondern extrem auseinander. Die praktische Dynamik des „Hamsterrades" und die unpraktische Erfahrung der Stille klaffen extrem auseinander. Man muss die beiden zunächst ohne philosophische Nervosität gelassen koexistieren lassen und sie in ihrer jeweiligen Kraft ernst nehmen.

Dann entsteht gerade aus dieser extremen Unterschiedlichkeit zwischen der Stille des in sich ruhenden Bewusstseins und der Dynamik des Lebens des „Mathematikers und Managers" in uns (als Metapher für den beobachtenden, denkenden und handelnden Menschen, der mit beiden Beinen im Leben steht) der spannende Bogen des Lebens.

Das hat auch sehr praktische Konsequenzen: Man erfährt, dass die regelmäßige Erfahrung der Stille (oder wenigstens der Annäherung an die Stille) viele Verspannungen, Stress, Verstrickungen des überdrehten „Hamsterrads" auflöst. Das Bewusstsein gewinnt mehr und mehr Freiheit, sich in den Zeiten, in denen es sich auf das Beobachten, Denken und Handeln im konkreten Leben einlässt, kreativ, gelassen, fokussiert und mit

Hingabe an der Evolution teilzunehmen. Das geht auch auf der Gefühlsebene mit zunehmender Lebensfreude einher.

Das bedeutet, dass die unpraktische Stille der Meditation grundlegende Auswirkungen auf die Praxis des Lebens hat. Immer mehr Menschen sind deshalb für Meditation aufgeschlossen, weil sie ihre positive Wirkung auf allen Ebenen (körperliche und psychische Gesundheit, Mitgefühl für die ganzheitlichen Belange der Gesellschaft und ein hohes Maß an Rückbesinnung auf das Eingebettet-Sein des Menschen in die Natur als Ganzes) anstreben. Das ist eine natürliche Motivation dafür, mit dem Meditieren zu beginnen.

Die Erfahrung der Stille ist allerdings eine notwendig „zweckfreie" (weil von „Beobachten – Denken – Handeln" befreite) Erfahrung. Auch wenn man vielleicht zu meditieren beginnt, um eine bestimmte Wirkung im praktischen Leben zu erzielen (zum Beispiel sich weniger zu ärgern, weniger Kopfschmerzen zu haben, den Blutdruck zu senken ...), sind im Augenblick der Stille der Verstand und das Ich abgeschaltet, das eine bestimmte Wirkung wollen könnte. Man wird vielleicht feststellen, dass man sich immer noch genauso ärgert wie früher. Dafür wird man etliche anderen positiven Wirkungen im praktischen Leben bemerken, die man sich gar nicht vorgestellt hat.

Deshalb ist auch die Regelmäßigkeit beim Meditieren von allergrößter Wichtigkeit. Denn nur über die oft wiederholte Erfahrung der Stille (in größerem oder kleinerem Grad) entstehen vielfältige positive Wirkungen in allen konkreten Aspekten des Lebens, deren Summe den Wert des individuellen Lebens im Gesamtkontext der Evolution darstellt. Die positiven praktischen Wirkungen der Meditation wurden in vielen Studien belegt.[1]

Ein Leben in Forschung und Management ist zeitintensiv. Meditieren braucht Zeit. Wie geht die widersprüchliche Gleichung „Verbrauchte Zeit plus verbrauchte Zeit ist mehr Zeit“ auf?

Im dialektischen Spannungsbogen zwischen der Erfahrung tiefer Stille und einem intensiven Leben in der heutigen Gesellschaft werden tatsächlich viele Dinge möglich, die man für unmöglich hält, wenn man immer nur im „Hamsterrad“ lebt. Man macht die Erfahrung, dass, wenn die Stille lebendig im Bewusstsein ist, vieles im täglichen Leben „wie von selbst geht“, dass manches gerade zur richtigen Zeit kommt oder dass man manches intuitiv als „nicht notwendig“ erkennt und man seine Zeit damit nicht verplempert.

Zeit ist etwas sehr Flexibles und Subjektives. Man kann ohne Weiteres die Gleichung aufstellen:

Zeit für die Meditation plus Quality Time
= Zeit ohne Meditation plus Hamsterrad

Ich denke, das ist eine Erfahrung, die viele Meditierende machen.

Mathematik ist abgehoben und Meditieren ist abgehoben. Warum ist Mathematik das Gegenteil von Meditieren?

Mathematik (Wissenschaft) hebt sich von der Oberfläche der Erfahrung der Realität ab in dem Sinne, dass man durch verfeinertes Beobachten, Denken und Handeln bis in die feinsten Ebenen der Realität eindringen kann. Meditieren hebt sich von der Oberfläche der Realität ab in dem Sinne, dass das Beobachten, Denken und Handeln „vergessen“ wird und nur mehr die feinste gegenstandslose Ebene der Erfahrung übrig bleibt.

Insofern sind Mathematik und Meditation als Wege so verschieden wie nur möglich. Andererseits – wie könnte es anders sein – nähert sich die „objektive" wissenschaftliche Erfahrung der Natur um uns und die „subjektive" meditative Erfahrung der Natur in uns immer mehr, je tiefer die objektive und die subjektive Erfahrung ist.

Jeder wünscht sich, dass die Ideen sprudeln. Kann es sein, dass Sie nach dem Meditieren ein mathematisches oder anderes Problem lösen können?

Der Verstand lässt sich nicht zwingen und die Erfahrung der Stille schon gar nicht. Nein, Meditieren ist kein Mephisto, der intellektuelle Wünsche auf Knopfdruck erfüllt.

Auch wenn man mit einer bestimmten Absicht eines Gewinns oder Erfolgs im Leben meditierte, wäre das „der Stille völlig gleichgültig". Im Augenblick der Stille ist jedes Problem gleichgültig beziehungsweise gleich-ungültig.

Um Probleme im täglichen Leben (zum Beispiel mathematische) zu lösen, muss man sich ihnen mit Hingabe widmen. Bei einem meiner Aufenthalte in Japan luden mich einmal PhD-Studenten abends zu einem Dinner ein, weil sie von mir Ratschläge wollten, wie man zu Ideen für seine Dissertation kommt. Da fiel mir glücklicherweise ein japanisches Wort ein, das zwei sehr verschiedene Bedeutungen hat: Kami.

Ich sagte zu den Studenten: „Gute Ideen kommen von Kami und nicht von Kami."

„Kami" bedeutet nämlich einerseits „Papier" und andererseits „Gott".[2]

Dem japanischen Umfeld entsprechend wollte ich die Wahrheit in einen Koan[3] verpacken. Die Lösung: Gute Ideen kommen nicht von „Gott" in dem Sinne, dass man nur dazusitzen braucht, und die Kraft von oben, die gute Fee oder der Geist aus der Flasche schenkt einem die zündende Idee. Nein, die guten Ideen kommen vom „Papier", für den Mathematiker das Symbol für harte Arbeit – seitenweise Fehlversuche, lange Ableitungen, die nichts bringen, Experimente mit dem Computer, das Studium von Dutzenden Beispielen, ohne etwas zu „sehen"; nächtelanges Grübeln, endlose Diskussionen mit Kollegen ... Das kann einem niemand abnehmen.

Irgendwann kommt dann der Punkt, an dem nach langer Arbeit mit dem „Kami Papier" vielleicht der „Kami Einfall von oben" kommt. Wenn dieser nicht kommt, nützt auch die lange Arbeit nichts. Deshalb kann man, so wie es sich für einen richtigen Koan gehört, meinen Koan gerne auch umgekehrt lesen: „Gute Ideen kommen von Gott und nicht vom Papier." Allerdings behält sich der „Kami Gott" vor, meist erst nach langer Anrufung des „Kami Papier" zu erscheinen!

Und da im echten Leben von allem, was man glaubt, denkt und sagt, in einem gewissen Sinne auch immer das Gegenteil wahr ist, sage ich hier jetzt auch noch das Gegenteil von dem, was ich gerade sagte: Meditieren entschlackt den Geist (körperlich ausgedrückt: das Nervensystem auf seinen feinsten Ebenen). Das kann und sollte sich auch dadurch bemerkbar machen, dass man seine eigenen intellektuellen Fähigkeiten in der Phase des „Kami Papier" besser ausspielen kann und man in der Phase des „Kami Gott" gelassen und frei dem „Einfall von oben" Raum gibt. Insofern kann das Meditieren einen drastisch positiven Effekt auf die Leistungsfähigkeit und den Erfolg im Beruf haben, aber eben nicht in der mechanistischen Vorstellung „Meditation rein – Erfolg raus". Der Raum der Stille bewahrt sich seine Freiheit, seine Impulse zu verschenken, wann und wie er will.

Jeder stöhnt über die Informationsflut. Wie gehen Sie damit als Wissenschaftsgläubiger und gleichzeitig Meditierender um?

Es gibt keine Informationsflut, sondern nur einen Mangel an Stille.

Die Information, die scheinbar – durch die technologischen Entwicklungen des Computerzeitalters – auf uns in einer breiten Flut einströmt, war immer schon da. Es kommt nur darauf an, ob wir unsere Sinneskanäle öffnen oder nicht beziehungsweise ob wir noch Herr unserer Kanäle sind. Im menschlichen Gehirn gibt es einen Abschnitt, den Thalamus, der nichts anderes macht, als die ungeheure Flut an Informationen, die ständig durch die Sinneskanäle hereintransportiert werden, sofort mit „Ja/Nein" auszusieben in solche, auf die wir im Augenblick unsere Aufmerksamkeit lenken, und alle anderen. Die „anderen" machen den weitaus größten Teil aus.

Die heutigen Technologien schaffen mehr Informationen aus ferneren Umgebungen an uns heran, als das noch bis vor Kurzem der Fall war. Über die Sinneskanäle kann nicht erheblich viel mehr kommen als bisher, nur eben eine andere Zusammensetzung der Informationen. Natürlich müssen wir dafür sorgen, dass wir uns nicht mit Informationen überladen, für die unsere Sinne nicht ausgelegt sind. Das ist ein ernstes gesellschaftliches Problem, an deren Lösung wir alle arbeiten müssen. Das Wichtigste ist aber, dass wir uns bewusst machen, dass jedes dieser Geräte, mit denen wir den Informationsstrom auf uns richten, einen Knopf zum Abschalten hat, und dass wir die Kraft aufbringen, diesen zu betätigen.

Das „Abschalten" hat glücklicherweise aber eine noch viel tiefere Bedeutung und damit sind wir wieder bei der Meditation. Meditation ist die Übung, den Kreislauf des Beobachtens – Denkens – Handelns bewusst abzuschalten und die Stille zu erfahren und zu genießen, die dann hervortritt, wenn der Strom der äußeren Information aussetzt.

Wer diese Erfahrung der Stille regelmäßig macht, bleibt von der Informationsflut unbeeindruckt. Denn er weiß erstens, dass das Ausblenden der Information genauso in unserer Macht steht wie das Einblenden. Zweitens wird er im täglichen Leben mehr Kraft als Goethes „Zauberlehrling" haben, die informationstechnologischen „Wasserkübel" bei Bedarf jederzeit abzuschalten. Drittens wird sein „Thalamus" lockerer funktionieren, also die Information besser filtern.

Viertens ist die Informationsflut ja in der Tat – wenn wir sie beherrschen und nicht nur passiv erdulden – ein ungeheurer Segen der heutigen Zeit. Noch nie war es so leicht wie heute, sich zu jedem Thema, mit dem man sich beschäftigen will, umfassend zu informieren. Das setzt allerdings voraus, dass sich unsere Bildung (wieder) viel mehr auf „Allgemeinbildung" in einem neuen Sinne fokussiert, nämlich auf die Vermittlung grundlegender Methoden, wie man Wissen gewinnt, analysiert, kritisch aussiebt, kondensiert, strukturiert und auf das Wesentliche reduziert. In diesem Kontext halte ich die Vermittlung von Mathematik als die „Kunst des Erklärens", das heißt, des Reduzierens von Komplexem auf Einfaches, für ein zentrales Element der Zukunftsbildung. Sie leistet auf der intellektuellen Ebene das, was die Meditation auf der Ebene des nicht intellektuellen Bewusstseins leistet.

Die Yogis sitzen im Himalaja und sind gelassen (aber die müssen ja auch keine Mathematik entwickeln). Sind Sie gelassen? Was bringt Sie aus dem Gleichgewicht?

Es wäre völlig verfehlt, sich selbst zu analysieren, ob man gewisse erstrebenswerte Eigenschaften, wie Gelassenheit, hat. Denn das Leben straft einen sehr schnell Lügen.

Als mein Flug nach Seoul durch ein Unwetter in Frankfurt verschoben und dann über Hongkong umgeleitet wurde, meine Koffer aber ihrem Herrl nicht folgten, war meine Gelassenheit ziemlich angekratzt. Dies unter dem Aspekt, dass ich nach Mitternacht im Hotel ankam, um 7 Uhr früh zur Universität musste, um dort im Hemd, das noch vom Kimchi[4] im Flugzeug angekleckert war, und in den Jeans, bei denen sich der Reißverschluss nicht mehr schließen ließ, eine Keynote auf dem „International Congress for Mathematical Software" zu halten.

Da war meine Gelassenheit sehr bescheiden im Vergleich zum Yogi in Herbert Tichys Buch „Die Wandlung des Lotos"[5], das ich als Jugendlicher verschlungen hatte. Dieser Yogi lebte im Himalaja, war in den eisigen Nächten nackt bis auf einen Lendenschurz und ernährte sich nur von Brennnesseln, „sodass seine Haut schon einen grünlichen Schimmer hatte", wie Tichy schreibt. „Sein einziger Besitz war ein Exemplar der ‚Bhagavad Gita'"[6], beschreibt er ihn weiter. Ihn hätte also wahrscheinlich weder ein verlorener Koffer, noch ein bekleckertes Hemd, noch ein kaputter Reißverschluss tangieren können. (Vielleicht allerdings der Verlust der Bhagavad Gita!)

Es ist natürlich klar, dass die regelmäßige Erfahrung tiefer Stille viele Dinge im täglichen Leben in ihrer Wertigkeit und Wichtigkeit verändert. Es geht weniger darum, ob im Fluss des Lebens größere oder kleinere Steine, Wirbel, Stromschnellen, Kälteströmungen, unbegehbare Ufer ... auftauchen. Es geht vielmehr darum, ob man sich im Strom eingebettet fühlt und die Reibungen als Bestätigung der Vorwärtsentwicklung empfindet.

In der Tat stellt in der „Bhagavad Gita", die Tichys Yogi als einzigen Besitz hat, der Bogenschütze Arjuna seinem Wagenlenker (in Wirklichkeit der göttliche Krischna) die Frage, ob es besser sei, sich in den Strom des Lebens zu werfen und sich dort einige Kratzer zu holen, oder zu versuchen, sich aus dem Strom herauszuhalten, so wie wir uns das von einem Yogi vorstellen. Die Antwort Krischnas lautet, dass beide Wege möglich seien. Dann betont er in einem – für viele vielleicht überraschenden – Nachsatz, dass der Weg des „Hausmanns“ (also derjenige, der sich den Mühen des Alltags, den vielleicht unliebsamen Überraschungen des Stroms aussetzt) einen gewissen spirituellen Vorzug habe, weil die Erfahrung der Stille stabiler und tiefer ist, wenn sie im Strom des Lebens gleichzeitig mit den spitzen Steinen und Wirbeln unbeirrt weiter besteht!

Manche finden Entspannung beim Laufen, andere beim Musizieren. Sind Laufen und Musizieren meditativ?

Laufen, Musizieren, Berggehen: alles prima, sehr entspannend, vielleicht in manchen Phasen meditativ. Das berichten ja fast alle, die laufen oder musizieren, und sagen zum Beispiel: „Ab einem bestimmten Punkt läuft man nicht mehr selbst, sondern es läuft.“ Das heißt, die Gedanken werden frei, man lässt los, im Freiraum steigen große Kräfte aus dem Unterbewussten auf. Oder nach langem Üben beim Musizieren, oder bei einem Gig kommt der Punkt, ab dem es von selbst läuft und das Bewusstsein frei, locker und empfänglich für Impulse aus tieferen Schichten ist. Ja, das geht natürlich alles in eine meditative Richtung mit allen positiven Auswirkungen für Körper, Psyche und soziale Offenheit.

Dennoch ist Meditation in gewisser Weise extremer als Laufen, Musizieren, Berggehen etc. Denn welche Aktivitäten man auch macht, die zu Phasen der meditativen Erfahrung führen: Man braucht noch ein gewisses Maß an Gebundenheit („Beobachten – Denken – Handeln“), um diese ausführen zu können.

Meditationstechniken sollten so sein, dass man mit einem geringsten Maß an äußerer Aktivität auskommt, um die Stille zu erfahren. Vielleicht ist das ja ein Streit um des Kaisers Bart.

Natürlich kann man sich vorstellen, dass jemand, der in einer bestimmten Aktivität völlig aufgeht, Augenblicke erlebt, in denen es kein bewusstes Beobachten, Denken und Handeln mehr gibt und das Bewusstsein ohne konkrete Inhalte in seiner Stille und gleichzeitigen Dynamik „ungetrübt" erlebt wird.

Gute Meditationstechniken sollten „demokratisch" sein in dem Sinne, dass sie für jeden – ganz gleich mit welchen Begabungen er ausgestattet oder nicht ausgestattet ist – die Erfahrung der Stille erlauben. In diesem Sinne sind gute Meditationstechniken so wie „Laufen ohne zu laufen", „Musizieren ohne zu musizieren" oder „Freiklettern ohne Wand". Insofern sind gute Meditationstechniken einfach und gleichzeitig genial.

Der Mensch ist doch getrieben von sehr konkreten Wünschen: Auto, Urlaub, schöne Wohnung, erfüllte Beziehung ... Was bringt Meditation im Leben?

Meditation ist für Menschen, die das Leben lieben.

Das Bewusstsein ist wie ein Spiegel. Wenn er blank geputzt ist, spiegelt sich darin das Leben ungetrübt. Staub und Kratzer lassen das Bild verblassen. Körperlich betrachtet, lagern sich Enttäuschungen, Stress, Überbeanspruchung und Ärger im Nervensystem wie Staub und Kratzer ab. Das Lebensbild verblasst. Meditation erlaubt es, auch im dreckigsten Spiegel einen kurzen Blick hinter den Staub zu werfen, um da und dort das Bewusstsein in seiner Ganzheit aufblitzen zu sehen. In diesen Augenblicken wird auch der Staub als nicht notwendig und hinderlich erkannt und es löst sich vielleicht ein Stück davon und fällt zu Boden. Regelmäßige Meditation „putzt" den Spiegel, sodass sich darin mehr und mehr das individuelle Leben als ein kostbarer Beitrag zur Evolution zeigen kann.

Gesellschaftspolitisch betrachtet ist Meditation ein möglicher Weg zur Lösung des drängendsten Problems: Wie kann man als Einzelner und als (globale) Gesellschaft unter voller Entfaltung aller wissenschaftlichen/technologischen/wirtschaftlichen Möglichkeiten gleichzeitig in voller Harmonie mit der Natur leben?[7]

Sie sind offensichtlich der Meinung, dass Meditation der Schlüssel zu einem erfüllten Leben ist. Kann man Meditation aus Büchern oder aus dem Internet lernen?

Sag niemals nie, aber doch manchmal selten.

Ich habe selbst in jungen Jahren versucht, verschiedene meditative Techniken aus Büchern zu lernen. Es hat nicht sehr gut funktioniert. Es ist mir heute klar, warum das so ist.

Im Prinzip kann man natürlich die Prinzipien der einzelnen Techniken und wie sie ausgeführt werden – so wie wir es mit allen anderen Aktivitäten im Leben gewohnt sind – genau erklären, schriftlich festhalten und dann von Büchern oder heute vom Internet „downloaden". Die verbale Erklärung bleibt allerdings auf der Ebene der Sprache und des analytischen Denkens. Es geht aber beim Meditieren gerade darum, die Ebene der Sprache und des Denkens zu verlassen, um den „sprachlosen" und „gedankenlosen" Zustand des Bewusstseins zu erfahren.

Deshalb ist es bei alten Meditationstechniken Tradition, dass die Technik zum Erlernen weder schriftlich noch im strengen Sinne mündlich weitergegeben wird, sondern unmittelbar durch eine Übung, die die wesentliche Erfahrung der Stille gleich am Anfang vermittelt. Im Falle der Transzendentalen Meditation wird diese erste Übung durch speziell ausgebildete Lehrer vermittelt. Diese werden insbesondere darin geschult, keine persönlichen Färbungen oder Modifikationen in diese

Übung einzubringen, sondern sie unverfälscht weiterzugeben, sodass sie nur den Meditierenden betrifft, unabhängig vom „Lehrer" oder einem „Buch".

Die wiederholte und regelmäßige Erfahrung der Stille ist eine zutiefst persönliche, die weder von außen beeinflusst noch intellektuell herbeigeredet werden kann. Die Erfahrung der Stille ist zugleich eine völlig öffentliche Erfahrung, weil sie jedem Menschen in gleicher Weise offensteht. Man kann sie als Erinnerung des individuellen Nervensystems an die Anfänge der materiellen Evolution sehen, die man je nach Standpunkt auch als eine zutiefst spirituelle oder eine materielle Evolution betrachten kann. Die Standpunkte sind im Prinzip völlig irrelevant. Die Erfahrung der Stille ist das Einzige, was zählt. Aus ihr strukturiert sich das individuelle Leben im Einklang mit der Natur als Ganzes.

Was hat Meditation mit Religion zu tun?

Nichts.

Natürlich hängt die Antwort davon ab, was man unter Meditation und was man unter Religion versteht. Was ich unter Meditation verstehe, habe ich erklärt. Meditationstechniken sind Techniken, die es dem Bewusstsein ermöglichen, absolute Stille zu erfahren, das heißt den Zustand des Bewusstseins, in dem es weder in Beobachten, noch in Denken, noch in Handeln involviert ist. Dass das Bewusstsein in der Lage ist, den Zustand absoluter Stille zu erfahren, ist für sich bereits eine wichtige Erfahrung, vielleicht die wichtigste in einem Leben, das gerade heute erfüllt und oft überfüllt ist mit Beobachtungen, Gedanken und Handlungen.

Während der Ausübung von Meditationstechniken hat die Erfahrung der Stille nicht immer dieselbe Klarheit, die Erfahrung ist manchmal nur angedeutet oder nur kurz. Doch auch eine angedeutete oder kurze Erfahrung der vollständigen Stille ist subtil und einschneidend. Wenn diese Erfahrung regelmäßig gemacht wird, bleibt sie auch „in Erinnerung", das heißt, diese Erfahrung bleibt wie ein Grundton lebendig, auch wenn das Bewusstsein im täglichen Leben intensiv beobachtet, denkt und handelt. Die Beobachtungen, Gedanken und Handlungen werden mehr und mehr am Grundton orientiert, man merkt spontan, ob sie in Harmonie mit dem Grundton der Evolution sind, und man empfindet die Sehnsucht, sie mit dem Grundton in Harmonie zu bringen.

Die meditative Erfahrung ist die Erfahrung, dass das Bewusstsein da ist, auch wenn es sich nicht durch Beobachten, Denken, Handeln mit der objektiven Realität beschäftigt; dass das Bewusstsein dableibt, auch und gerade wenn man die feinsten Ebenen des Beobachtens, Denkens und Handelns „überschreitet" („transzendiert"); dass das Bewusstsein die objektive Realität kurz oder lang vergessen und sich dafür klar und deutlich „an sich selbst erinnern" kann.

Das ist Meditation, wie ich sie verstehe. Natürlich gibt es auch viele andere Bedeutungen des Begriffs. Zum Beispiel sagen manche: „Ich muss jetzt über dieses Problem länger meditieren", und jeder weiß, was damit gemeint ist. Aber das ist genau das Gegenteil von dem, was ich hier mit Meditieren bezeichne. Manche meinen zum Beispiel auch, Meditation sei die lange Betrachtung („Kontemplation") eines schönen (realen oder gedachten) Gegenstands, einer erbaulichen Geschichte, eines Vorbilds. Auch das ist hier nicht gemeint, denn Kontemplation in diesem Sinne ist immer noch Beobachten und Denken, während es bei der Meditation in dem hier beschriebenen Sinne um das Vergessen des Beobachtens, Denkens und Handelns geht.

Was ist Religion? Darüber gibt es natürlich sehr viele verschiedene Vorstellungen. Wenn die Amazonasindianer am

Morgen gemeinsam die ersten Sonnenstrahlen mit vielstimmigen Liedern begrüßen, ist das für manche Religion. Wenn sich im Dom in Linz die Gläubigen zum sonntäglichen Gottesdienst versammeln, ist das für die meisten Religion. Wenn der Naturliebhaber am Sonntag auf einem einsamen Gipfel steht, sagt manch einer „das ist halt meine Religion". Meine Mutter pflegte zu sagen: „Tatchristentum, das ist meine Religion", und versäumte dazu gerne manche Sonntagsmesse. Wenn der Dschihadist den „Ungläubigen" durch Köpfen ins Jenseits befördert, macht er das für den „Heiligen Krieg" im Namen seiner Religion. Diese Sichtweise, so sagen andere, habe aber nichts zu tun mit dem Islam, einer „staatlich anerkannten" Religion, wie es in Österreich heißt. Der Staat weiß also offensichtlich, was eine Religion zu einer Religion macht und wer die damit verbundenen Privilegien erhalten und wer sie nicht erhalten soll. Was hätte derselbe Staat wohl vor einigen Jahrhunderten gesagt, als christliche „Terroristen" sich ins Heilige Land aufmachten, das sie als „den Christen gehörig" betrachteten, und die dort lebenden Moslems köpften?

Wenn wir uns hier pragmatisch an die aufzählende Definition von „staatlich anerkannter Religion" halten, dann ist meine kurze Antwort, dass Meditation nichts mit Religion zu tun hat, zutreffend. Denn für die wesentliche Erfahrung der Meditation, die Erfahrung vollständiger Stille im Bewusstsein, ist eine Religion im üblichen Sinne weder notwendig noch hilfreich. Umgekehrt ist Meditation keine Bestätigung für Religion, noch steht sie im Widerspruch zu den üblichen Religionen.

Natürlich ist die Gotteserfahrung für die meisten Religionen eine ganz wesentliche, wenn nicht die wesentliche Erfahrung. Hier wird Gott meist als etwas gedacht, das außerhalb des Bewusstseins des Einzelnen steht, auch außerhalb der objektiv erfahrbaren Realität, und mit der Realität in einem Schöpfungszusammenhang steht. Daraus ergibt sich eine

„Moral“ als Leitlinie für das Handeln in der Realität. In den verschiedenen Religionen sind die Vorstellungen über den Zusammenhang zwischen Gott und seiner Schöpfung und Gott und dem Menschen sowie die Rolle, die die Moral in diesem Zusammenhang spielt, im Laufe Geschichte gewachsen und zum Teil sehr komplex geworden. Nachdem man die meisten dieser Zusammenhänge nicht direkt erfahren kann, sollte man sie „glauben“, und der „Glaube“ an und für sich wird in manchen Religionen bereits als eine besondere Tugend gesehen, die oft allein schon die „Erlösung“ bringen kann. Sehr oft neigen Religionen leider dazu, ihr eigenes Gedankengebäude, wie der Mensch, die Welt und Gott zusammenhängen, als das einzig mögliche, einzig wahre und auch „allein seligmachende“ zu verstehen. Dies hat in der Geschichte bis heute, und heute eklatanter als je zuvor, oft zu ungeheuren Grausamkeiten, „Heiligen Kriegen“, tausendjährigen Unversöhnlichkeiten, aber auch zu subtiler Unterdrückung, Ausgrenzung, Überheblichkeit im Umgang der einzelnen Menschen und Länder untereinander geführt.

Demgegenüber ist die wesentliche Erfahrung der Meditation – der Zustand der Stille des Bewusstseins, der Zustand ohne Beobachten, Denken und Handeln – eine völlig „neutrale“ Erfahrung. Sie ist da oder nicht da oder kaum wahrnehmbar da oder klar da – unabhängig davon, wie man sie interpretiert, ob man an irgendetwas glaubt oder nicht, ob eine Religion das empfiehlt oder nicht, ob sie staatlich anerkannt ist oder nicht, ob man sie bespricht oder nicht, ob man philosophische oder religiöse Konsequenzen daraus zieht, ob man im landläufigen Sinne moralisch ist oder nicht. Man kann diese Erfahrung weder verordnen noch verbieten, weder erzwingen noch verhindern, weder intellektuell durch Denken erschließen noch ausschließen. Sie ist so konkret wie ein Sprung ins Wasser, aber so abstrakt wie der Sprung ohne das Wasser.

Die Erfahrung der Meditation ist eine höchst „demokratische“ Erfahrung. Es gibt keine Lehrlinge und keine Meister, keine Päpste und keine Gläubigen, keine Generäle und keine Soldaten, keine Firma, die Lizenzen dafür verkauft, und keine Käufer, die mit der Lizenzgebühr eine Garantie für diese Erfahrung erwerben. Es gibt nur solche, die die Meditationsübung machen und vielleicht die Stille erfahren, und solche, die sie nicht machen – und die Stille vielleicht trotzdem erfahren.

Mathematik und Meditation sind in Bezug auf die Bewegung des Denkens das genaue Gegenteil voneinander: Die Mathematik kultiviert die Perfektion des Denkens, die Meditation übt das Nicht-Denken. Beide, Mathematik und Meditation, sind aber extrem demokratisch. Das erstaunt und beglückt mich immer wieder. Weder in der Mathematik noch in der Meditation zählen Macht, Religion, Alter, Weltanschauung, Geschlecht, sondern nur die Kraft des Arguments in der Mathematik und die Kraft der individuellen Erfahrung der Stille in der Meditation. Die geistige Freiheit, die man durch die Übung der Meditation erhält, war und ist deshalb vielen autoritären Institutionen ein Dorn im Auge – genauso wie die mathematisch-wissenschaftliche Denkfreiheit.

Meditation und Religion im Sinne der „anerkannten Religionen“ haben also nichts miteinander zu tun. Wie bei allen Dingen, die das Leben, die Gesellschaft und deren grundlegende Fragen betreffen, ist aber auch das Gegenteil wahr. Wer meditiert, wird entdecken, dass viele Dinge, die in den tieferen, nicht institutionellen Schichten aller Religionen als eine Art Welterbe – zum Teil durch viele spätere Schichten verschüttet, entstellt und ins Gegenteil verkehrt – aufleuchten, der Widerschein der Erfahrung der Stille sind. Die Stille unseres Bewusstseins kann man auch betrachten an ein Zurückerinnern des Nervensystems in frühe Stadien der Evolution, nicht nur der Spezies Mensch, sondern durch alle anderen Stadien bis zum

Anfang. Deshalb geht mit der meditativen Erfahrung oft auch spontan eine immer intensiver werdende Wertschätzung und Verbundenheit mit allem Leben und allen Schichten der Natur einher.[8]

Wie viele Meditationstechniken gibt es? Gibt es „gute" und „schlechte" Meditationstechniken? Wie erkenne ich die für mich richtige?

In gewisser Weise gibt es so viele Meditationstechniken, wie es Menschen gibt. Aber es gibt – aus meiner Sicht – Kriterien, um zu erkennen, ob eine Meditationstechnik für Sie passt.

Man muss unterscheiden zwischen „Meditation", „Meditationstechnik" und „Meditationserfahrung", genauso wie man zwischen „Sport", „sportlicher Übung" und „Sporterfahrung" unterscheidet. Sport ist die Gesamtheit der sportlichen Betätigungen, der einzelnen sportlichen Übungen (Laufen, Schwimmen etc.). Die Erfahrung, das Resultat, die positive Wirkung des Sports sind ein gesunder Körper, allgemeines Wohlbefinden, Freude (übertriebener Sport kann aber auch zu Gelenksleiden, Erschöpfung etc. führen). Analog dazu: Meditation ist die Ausübung von Meditationsübungen mit gewissen Meditationstechniken. Die Meditationserfahrung ist die Wirkung, das Resultat des Ausübens von Meditationsübungen.

Es gibt viele Meditationstechniken mit verschiedenen Meditationsübungen, auch verschiedene „Schulen" wie in allen anderen Bereichen. In gewisser Weise gibt es so viele Meditationstechniken, wie es Menschen gibt, denn selbst standardisierte Meditationsübungen werden durch die Ausübung durch einen bestimmten Menschen durchaus individuell. Zum Beispiel sind Mantratechniken des Meditierens zwar standardisiert, weil in einer bestimmten Technik vielleicht nur eine Handvoll

Mantras verwendet werden, aber das Mantra wird durch seinen Gebrauch individuell – und deshalb wird bei bestimmten Techniken empfohlen, das Mantra nicht auszusprechen, um seine individuelle Färbung und damit Subtilität nicht zu verlieren.

Unabhängig davon, mit welcher Technik man meditiert, dürfte die meditative Erfahrung letztlich für alle Menschen dieselbe sein, soweit man das rational beurteilen oder formulieren kann. In der Tat ist es ein Wesensmerkmal der Meditationserfahrung, dass man sie nicht verbalisieren kann, denn das Wesen der meditativen Erfahrung ist ja gerade das Verschwinden von Beobachten, Denken und Handeln – also insbesondere von Sprache und Besprechen. Im Augenblick, in dem die meditative Erfahrung klar ist, ist das Sprechen völlig irrelevant. In dem Augenblick, in dem man die meditative Erfahrung bespricht, ist das Gesprochene nur ein sehr limitierter und partieller Aspekt der meditativen Erfahrung. In diesem Sinne ist die Meditation das genaue Gegenteil der Mathematik, in welcher die Klarheit am größten ist, wenn die sprachliche Formulierung des Gemeinten kristallklar ist.

Ich selbst habe in meinem Leben etliche Meditationstechniken ausprobiert, weil ich schon seit frühester Jugend spontan und ungenau gefühlt habe, dass Meditation beziehungsweise die Meditationserfahrung etwas sehr Wesentliches im Leben ist. Ich habe unter anderem Zen-Meditation, auf Yoga basierende Meditationen, verschiedene „westliche" neuere Techniken in Richtung Meditation und natürlich auch – in meiner christlich geprägten Jugendzeit – Meditationsübungen aus der christlichen Tradition ausprobiert. Seit einigen Jahrzehnten praktiziere ich regelmäßig die von Maharishi für den Westen aufbereitete sogenannte „Transzendentale Meditation", die auf der vedischen Tradition beruht.[9]

Da ich aber gerade auch im subtilen Bereich der meditativen Erfahrung die Wichtigkeit der individuellen geistigen Freiheit über alles schätze und für die weitere Entwicklung der Menschheit für außerordentlich wichtig halte, möchte ich hier auf keinen Fall Werbung für eine bestimmte Meditationsschule oder Meditationstechnik machen. Vielmehr formuliere ich hier für diejenigen, die an Meditation interessiert sind, als mein persönlicher Ausfluss aus vielen Jahren Erfahrung mit Meditation einige Kriterien, die Interessierten helfen können, die passende Technik zu finden:

➤ *Gute Meditationstechniken sollten mühelos und einfach sein:*
Wenn die Ausübung der Technik Mühe bereitet oder schwierig ist (zum Beispiel schwierige körperliche Stellungen erfordert), kann das Nervensystem nicht aus dem Kreislauf „Beobachten – Denken – Handeln" in die Erfahrung der Stille fallen. (Man sagt auch: „Der Geist kann dann nicht transzendieren.")

➤ *Gute Meditationstechniken brauchen keine körperlichen, seelischen, moralischen, intellektuellen, philosophischen, religiösen Voraussetzungen:*
Meditieren ist nicht für eine Elite, sondern für alle, die fühlen, dass es im Getriebe von „Beobachten – Denken – Handeln" einen Ruhepol gibt, der da ist, aber vielleicht nicht erfahrbar ist und nach dem sich der Getriebene sehnt. Man kann auch körperlich schwach, seelisch in einem Tief, moralisch angeschlagen, intellektuell nicht interessiert, philosophisch unkompliziert oder religiös frustriert sein. Meditation beginnt nicht dort, wo alles ideal ist – oder manche glauben, dass alles ideal ist –, sondern beginnt dort, wo sie beginnt. Es ist genau umgekehrt: nicht zuerst ein steiniger Weg, um dann endlich die Stille zu erfahren, sondern die Stille erfahren und dann sehen, dass es in jeder Situation Wege zur positiven Evolution in allen Lebensaspekten gibt.

➤ *Gute Meditationstechniken brauchen keinen Vermittler, der den Schlüssel zur Erfahrung verwaltet:*

Die meditative Erfahrung ist persönlich, demokratisch, unabhängig von einem Zweiten oder Dritten oder einem System. Eine gute Meditationstechnik bindet nicht an jemanden anderen oder ein System, sondern befreit.

Das ist ein sehr subtiler Punkt. Denn auch hier ist in gewisser Weise das Gegenteil wahr: In vielen spirituellen Traditionen ist die Hingabe an einen „Meister" eine Abkürzung auf dem Weg zur „Erleuchtung" (der individuellen Erfahrung des Grundzustands des Bewusstseins jenseits von Beobachten, Denken und Handeln). Das muss man aber immer so verstehen, dass es letztlich der Schüler ist, der den Meister prüft, bevor er offen ist für dessen Hinweise. Natürlich muss auch der Meister das Recht haben zu prüfen, ob er seine Zeit auf einen Schüler verwenden will. Letztlich kann Evolution nur in völliger Freiheit passieren.

Das Meister-Schüler-Verhältnis war und ist nicht nur in spirituellen Traditionen, sondern durchaus auch im Wissenschafts- und Kunstbetrieb wichtig. Gerade in einer Zeit, in der jeder glücklicherweise im Prinzip schnellen Zugang zu jeder Art von Wissen hat, kann es in entscheidenden Phasen sehr nützlich sein, durch Kontakt mit einem „Meister" (der schon einige Stufen der Entwicklung durchgemacht hat, die einem selbst noch bevorstehen) einen in diesem Augenblick unerwarteten, zunächst paradox oder inakzeptabel erscheinenden Hinweis oder Rat zu erhalten, „der nicht aus dem Web heruntergeladen werden kann".

Die Meister-Schüler-Beziehung kann sich auch jederzeit drehen und ein Lehrer lernt oft am meisten durch die Vermittlung seiner Erfahrung an Schülern. Auch hierfür gibt die „Bhagavad Gita" ein subtiles Beispiel: Das gesamte Buch ist als Dialog konzipiert, in welchem der Bogenschütze Arjuna, der auf seinem Streitwagen eigentlich der Herr und Meister ist, seinem Wagenlenker (dem „Taxifahrer", dem Diener, dem hierarchisch Untergeordneten) seine unlösbar scheinenden Lebensfragen stellt. Der Diener entpuppt sich als der „lebendige Gott", der aus seiner existenziellen Gesamterfahrung die Widersprüche lösen kann.

➤ *Gute Meditationstechniken sind „natürlich", sie lassen die Natur wirken und führen zur Natur in uns:*
Die Stille ist immer da als eine Art Grunderinnerung an die tiefen Schichten der Evolution (wenn wir es biologisch betrachten). Die Erfahrung der Stille ist nicht immer da, weil unsere Aufmerksamkeit von intensiven Beobachtungen, Gedanken und Handlungen in Anspruch genommen wird. Es genügen kleine Impulse („Meditationstechniken"), um dem Bewusstsein die Möglichkeit zu geben, die Grundstille zu erfahren, das heißt, sich selbst ohne Überlagerung durch Beobachtungen, Gedanken und Handlungen zu erfahren. Diese Impulse dürfen nicht von außen wie ein Hammer (zum Beispiel durch Drogen, Suggestionen, Zwänge, komplizierte Argumentationen) kommen. Gute Meditationstechniken setzen dort an, wo sich das Nervensystem gerade befindet, und arbeiten mit dessen natürlichen Möglichkeiten, indem sie die Aufmerksamkeit auf eine Lücke in den Wolken der Beobachtungen, Gedanken, Handlungen lenken, wo das Licht der Stille durchscheint. Es ist dann die Tendenz des Bewusstseins, auf diese Lücke und was dahinter ist, zu schauen und die Erfahrung der Stille zu machen.

➤ *Gute Meditationstechniken führen zur Erfahrung der Stille:*
Es gibt Hunderte Methoden, Anweisungen, Schulen, die interessante Erfahrungen jenseits der üblichen Erfahrungen des Beobachtens, Denkens und Handelns erlauben beziehungsweise

anpreisen und das als „Meditation“ bezeichnen (zum Beispiel Farben zu sehen, religiöse Zusammenhänge zu durchschauen, sich in moralisch wertvolle Stimmungen zu versetzen). Natürlich ist es jedem unbenommen, das Wort „Meditation“ so zu gebrauchen, wie er will. Ich verwende es hier in dem Sinne, dass die meditative Erfahrung die Erfahrung der „Stille“ ist, die über bestimmte konkrete Bilder (Beobachtungen), bestimmte Gedanken („wertvolle“ oder „wahre“ Vorstellungen) oder kontemplative Handlungen hinausgeht, diese also hinter sich lässt, überschreitet, „transzendiert“. Gute Meditationstechniken sollten dieses Transzendieren – wenigstens andeutungsweise, tendenziell, kurzfristig – ermöglichen.

➤ *Gute Meditationstechniken lösen auf dem Weg zur Stille Stress auf:*

Eine gute Meditationstechnik macht bei ihrer Anwendung manchmal oder oft, kürzer oder länger ein Fenster in den Wolken von Beobachtungen, Gedanken und Handlungen auf, wo die Erfahrung der völligen Stille aufblitzt. Es wird meist, oft, manchmal, normalerweise aber so sein, dass das Fenster sofort wieder zugeht, weil die Kraft der „Wolken“ so groß ist, dass sie die feine Sicht auf die Stille sofort wieder verdecken. Es ist sehr wichtig zu verstehen, dass diesem Drängen der „Wolken“ nicht mit Gewalt (zum Beispiel willentlicher „Konzentration“) begegnet wird. Während der Meditation tauchen diese Wolken gerade deshalb so stark auf, weil mit einer guten Meditationstechnik dem Nervensystem endlich die freie Möglichkeit gegeben wird, alles zuzulassen, was passiert, ohne es zu bewerten, zu wollen oder nicht zu wollen. Es tauchen deshalb auch viele „Wolken“ auf, die man ständig verdrängt hat (sogenannte „Stresse“) – oft sehr tief liegende, sehr alte, meist unbewusste Stresse. Eine gute Meditationstechnik lässt dieses Erscheinen von Wolken zu, verdrängt sie nicht mit Gewalt, bewertet und analysiert sie nicht, sondern führt sanft zur Lücke zwischen den Wolken zurück. Die Erfahrung zeigt, dass sich Stresse, die sich durch (innere) Beobachtungen, Gedanken und (innere) Handlungen während der Meditation manifestieren, mit der Zeit „von selbst" auflösen. Regelmäßige Meditation löst also Stresse, befreit und reinigt das Nervensystem, erlaubt dadurch eine tiefere und unmittelbarere Erfahrung der „wolkenlosen" Stille, die ihrerseits wieder das Lösen tieferer Ebenen von Stress erlaubt. Es entsteht eine Spirale der Erfahrung der Stille und der Reinigung des Nervensystems von Stressen und Verspannungen, eine Spirale positiver Evolution.

➤ *Gute Meditationstechniken zeigen ihre positiven Wirkungen auf allen Ebenen des Lebens:*

Auch wenn es beim Meditieren letztlich um die Erfahrung der Stille geht, kann und soll man den Effekt des Meditierens nicht durch die Tiefe der Erfahrung der Stille während der Ausübung der Meditation bewerten oder beurteilen. Jede Art der Bewertung widerspricht an und für sich schon der beobachtungs-, denk- und handlungsfreien meditativen Erfahrung. Dennoch zeigt sich, dass die Reinigung des Nervensystems durch regelmäßige Meditation Wirkungen auf allen Ebenen im täglichen Leben zeitigt:

- © Man wird mit der tiefen Motivation ein feines Körpergefühl entwickeln, dem Körper alle Möglichkeiten für gesunde Entfaltung geben.
- © Man wird ein feines Gefühl für seelische Vorgänge und ihre Balance entwickeln und genauso die Klarheit des Intellekts schätzen und entwickeln lernen.
- © Man wird eine tiefe Wertschätzung für die anderen entwickeln. Das schließt alle Lebewesen und Vorstadien des Lebens ein. Sie sind Brüder und Schwestern auf dem Weg der

Evolution, die sich auf den greifbaren augenfälligen Schichten genauso wie auf den subtilen tiefen Schichten der Natur abspielt.

- Man wird einen immer stärker werdenden Drang verspüren, sich für die positive Entwicklung der Natur, insbesondere unserer Gesellschaft, zu engagieren und unter Einsatz aller individuellen Möglichkeiten einen Beitrag zu leisten.

➤ *Gute Meditationstechniken brauchen Regelmäßigkeit:*
Die Wahrscheinlichkeit ist groß, dass wir durch viele Generationen eines sehr zweckorientierten, verstandesorientierten Umgangs mit der Natur („Macht euch die Erde untertan!") und durch unser eigenes überladenes Leben einen ziemlich großen Rucksack an Stressen auf unser Nervensystem geladen haben. Gute Meditationstechniken sind sanft. Sie versuchen nicht, die Stresse mit einem Schlag zu entfernen (zum Beispiel durch eine LSD-Erfahrung des „weißen Lichts" oder eine religiöse Erfahrung, durch die ein Saulus zum Paulus wird), sondern empfehlen eine schlichte Übung, die regelmäßig wiederholt wird.

So tut sich jedes Mal eine „Lücke in den Wolken", in welcher die Stille erfahren wird, auf, bis der Himmel irgendwann wolkenlos ist und die Sonne der Stille auch weiter scheint, wenn man sich den Details des Beobachtens, Denkens und Handelns im Alltag hingibt. Es stabilisiert sich dann die Erfahrung, dass die Stille gleichzeitig die Quelle der größten Dynamik, der Ausgangspunkt und das Feld aller Möglichkeiten ist. Die Stille ist also nicht das „Nichts" oder die extreme Langeweile, sondern zugleich und im Widerspruch dazu die größte Dichte an Dynamik, das Zusammenfallen und die Koexistenz aller Widersprüche. Die Stille ist der Pfeil der „Reflexion" (Rückbezüglichkeit) allein, wo das Bewusstsein sich seiner selbst bewusst ist, gleichzeitig der Beobachter und das Beobachtete, der Denker und das Gedachte, der Handler und das Behandelte.

➤ *Gute Meditationstechniken haben eine lange Tradition:*
Gerade in den letzten Jahren, da immer mehr Menschen sehen, dass der Kreislauf des „Beobachtens – Denkens – Handelns" auch ein Teufelskreis sein kann, bemühen sich viele auf dankenswerte Weise, den tiefen Schichten der Natur in uns wieder Raum zu geben, um aus einem spontanen Verständnis der Natur die richtigen Handlungen zu entwickeln. Es werden dazu viele neue Techniken von Meditation, Entspannung, Tiefenerfahrung, psychischer Analyse, Gruppentherapien etc. entwickelt. Persönlich empfehle ich eher Meditationstechniken mit langer Tradition, aus zwei Gründen:

- © Erstens: Aus welcher Perspektive man es auch betrachtet (physiologisch, psychologisch, philosophisch, soziologisch, religiös): Die subtilen Vorgänge, um die es beim Meditieren geht, sind so alt wie die Menschheit. Es ist in diesem Zusammenhang erstaunlich, mit welcher Präzision die Menschen schon vor Tausenden Jahren (soweit es überliefert ist) diese psychischen Vorgänge bewusst wahrgenommen, beschrieben und analysiert haben, siehe die griechischen Sagen, die indischen Veden etc. Noch erstaunlicher ist, wie präzise sie bereits damals sehr klare Wege aufgezeigt haben, wie man aus den Fallen des Lebens, das sich von der Natur abkoppelt, wieder herauskommt. Unsere Vorfahren waren dem Ursprung der Natur – und den Ursachen der „Un-Natur" in uns – näher, ihr Blick war weniger verstellt durch das beobachtungs-, denk- und handlungsorientierte Leben, das unsere Zeit dominiert. Damit hatten sie noch die größere Chance, den Weg aus dem „Irrgarten" zu finden.
- © Zweitens: Die Wirkung von psychischen Techniken kann man oft erst nach vielen Jahren sehen und beurteilen. Techniken, deren Wirkungen man schon über viele Jahrhunderte oder sogar Jahrtausende beobachten konnte und die sich

über so einen Zeitraum bewährt haben, haben deshalb einen großen Wert und Vorteil.

Sie sprechen manchmal von „200 % leben in der heutigen Zeit". Was meinen Sie damit?

100 % „Mathematik" und 100 % „Meditation".

Das ist natürlich symbolisch, aber doch sehr real gemeint: Genießen Sie und tauchen Sie einerseits voll in das heutige wissenschafts-, technologie-, wirtschafts-, wohlfahrtsbasierte und -orientierte Leben ein, bilden Sie sich dafür und leisten Sie dazu Ihren unersetzlichen, individuellen Beitrag! Das ist der Aspekt „Mathematik" im heutigen Leben und in der heutigen Gesellschaft. Denn an der Basis dieses Aspekts der heutigen Gesellschaft steht die kultivierte Spirale von „Beobachten – Denken – Handeln" und ständige Höherentwicklung dieses Dreischritts durch Selbstanwendung („Reflexion"). Im Kern dieses Dreischritts steht die Schärfung des Denkens, des Verstandes, der „Mathematik" im Leben.

Andererseits tauchen Sie ganz ein in die Ergründung und Erfahrung dessen, was bleibt, wenn das Beobachten – Denken – Handeln „abgeschaltet" ist. Bleibt dann nichts, bleibt das „Nichts" oder bleibt „alles"? Erfahren Sie das selbst in der „Meditation", welchen Weg Sie dabei auch nehmen („Weg" im Sinne von Meditations-„Technik"). Diese Erfahrung wird Sie evolutiv, optimistisch, kosmisch, spirituell, verantwortlich, ganzheitlich, verständnisvoll, einfühlsam werden lassen (wie immer man das ausdrücken will). Sie werden spontan und auf gemeinsamer Basis mit allen anderen erfühlen und erkennen, wie wir unsere Gesellschaft auf dem „Raumschiff Erde" gestalten müssen, damit wir die Evolution der Natur genießen können und nicht an den scharfen Klippen der Oberfläche von gierigem Beobachten, eiskaltem Denken und egoistischem Handeln zerschellen.

Volle Entfaltung der Technik des Denkens und volle Entfaltung der Technik des Nicht-Denkens im Widerspruch und in Koexistenz spannen das Lebens in 200 % auf. Oder – wie es in der „Bhagavad Gita“ ausgedrückt wird: „Lebe gleichzeitig als der, der ‚sein Haus bestellt‘ und als ‚Mönch‘!“ Oder in den Worten der abendländischen Tradition: „Ora et labora!“ Oder noch mal anders: Verströme die Liebe, die du in der Stille erfährst, in der evolutiven Dynamik des täglichen Lebens! Oder: Entwickle die zwei Richtungen der 200 % selbst, erfahre sie selbst und formuliere sie selbst – wenn du meinst, du musst sie formulieren.

Anmerkungen

1 Eine Liste von wissenschaftlichen Arbeiten dazu kann man zum Beispiel bei www.ayurveda/research.htm finden.

2 In der Tat hat Kami noch zwei ganz andere Bedeutungen, nämlich „Haar“ und „oben“, die hier aber nichts zur Sache tun. Die verschiedenen Bedeutungen sind nur durch die entsprechenden japanischen Schriftzeichen unterschieden.

3 Koan: eine scheinbar in sich widersprüchliche Aussage, die nur Bedeutung findet, wenn man sie auf einer bestimmten Ebene der Einsicht betrachtet.

4 Gegorenes koreanisches Kraut mit scharfer roter Sauce.

5 Herbert Tichy, Die Wandlung des Lotos, Ein Indienbericht, Ullstein Bücher, 1951.

6 Die Bhagavad Gita: „Lied der Gottheit“: ein Konzentrat der Lehren der Veden. Je nach Geschichtsverständnis mehr als 2000 oder 5000 Jahre alt.

7 Ich habe dieses Grundproblem bereits im Kapitel „Meditation – Die Kunst der „Nicht-Mathematik“ (ab Seite 119) skizziert.

8 Mahatma Gandhi sagte einmal: „Die Größe und den moralischen Fortschritt einer Nation kann man daran messen, wie sie ihre Tiere

behandelt." Ich erlaube mir hinzuzufügen: „..., daran messen, inwieweit sie sich daran erinnert, dass wir eins sind mit den Tieren und allen Lebewesen."

9 Die Veden sind eine Sammlung von philosophisch / spirituell / religiös / allegorischen Schriften in vielen Dutzenden Bänden im Umfang von vielen Tausenden Seiten. Aber: Die schriftliche Fassung erfolgte historisch relativ spät. Traditionell werden die Veden nur mündlich weitergegeben und die erstaunliche Art ihrer unverfälschten Weitergabe wurde von der UNESCO 2003 als Teil des Weltkulturerbes deklariert. Es hat mich bereits als Erstsemestriger zutiefst beeindruckt, dass im Kernwerk der Veden, der „Bhagavad Gita", an zentraler Stelle der Vers zu lesen ist: „Den Nutzen, den ein Brunnen hat, wenn ringsum überschwemmt das Land, nur solchen Nutzen hat die Schrift für den, der höchste Weisheit fand." (Übersetzung von Helmut von Glasenapp.) Also ein Buch über die „letzte Wahrheit", das selbst die „Buchweisheit" als Wissensquelle infrage stellt – vor dem Hintergrund der unmittelbaren individuellen Erfahrung der letzten Wahrheit.

INDEX

NAMEN

BEGRIFFE

KONTAKTADRESSE

Wenn Sie mit mir in Kontakt treten wollen, Fragen zu den Themen im Buch haben beziehungsweise zu meinen Vorträgen und Seminaren eingeladen werden wollen, schreiben Sie einfach an: bruno@brunobuchberger.com

BRUNO BUCHBERGER

In den folgenden Tagesseminaren kondensiere ich meine persönliche Erfahrung als Innovator in Wissenschaft, Technologie, Wirtschaft und Politik zu einem praktischen Training:

SEMINAR

Von 0 auf 100

Erfinden durch positives Spannungsmanagement

Nach Absolvierung dieses Seminars sind die Teilnehmer in der Lage, in schwierigen Situationen für drängende Probleme oder schwierige Zielsetzungen ein innovatives Konzept zu entwickeln. Aus der Spannung zwischen vermeintlichen Gegensätzen zu überraschenden Lösungen!

SEMINAR

Die Kunst des Erklärens

Klares Denken, klares Sprechen, klares Handeln

Nach diesem Seminar sollten die Teilnehmer in beliebigen Situationen (Diskussionen, Präsentationen, Erfindungsgesprächen ...) gezielt und strukturiert schwierige Inhalte analysieren, Lösungen erarbeiten und Ergebnisse präsentieren können.
Sparen Sie Zeit, Geld, Energie durch die „Macht der Logik"!

Die Teilnehmerzahl ist bei beiden Seminaren auf fünf begrenzt. Jedes Seminar hat einen Theorieteil und einen praktischen Trainingsteil.
Seminarort: Schloss Hagenberg bei Linz bzw. auch in-house.
Einen detaillierten Flyer sende ich bei Interesse gerne zu. Anfragen bitte an:

office@brunobuchberger.com

STYRIA
BUCHVERLAGE

ISBN 978-3-85485-341-1

Bücher aus der Verlagsgruppe Styria gibt es
in jeder Buchhandlung und im Online-Shop
www.styriabooks.at

Lektorat: Elisabeth Wagner
Umschlag- und Buchgestaltung: Maria Schuster
Coverfoto: Aleksandra Pawloff
Grafik Seite 13: Fotolia/iconicbestiary; Maria Schuster

Druck und Bindung:
Finidr
7 6 5 4 3
Printed in the EU